口絵1　空から見た鳥取砂丘とオアシス

1-1　鳥取砂丘と沿岸砂州　2006.2.14　提供：鳥取県

1-2　砂丘列と追後スリバチ　提供：鳥取県

1-3　南西上空よりみた鳥取砂丘　右手が多鯰ヶ池。2013.4.22　小玉

1-4　第2砂丘列より見おろすオアシス周辺の冬季と夏季の代表的景観　左：2011.1.13　右：2013.7.12　齊藤

口絵2　風紋とメガリップルの形成実験

2-1　風紋（砂漣）の景観　提供：鳥取県

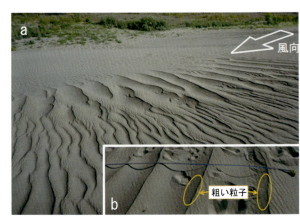

2-2　メガリップルの景観　Great Sand Dunes　2010.9.6　小玉

2-3　火山灰露出地周辺のメガリップル　鳥取砂丘　2014.6.6　小玉

2-4　風洞実験装置の一例
A：送風機　B：整流槽　C：風洞本体　D：捕砂装置　小玉

2-5　熱田神宮参道にみられるメガリップル
2014.12.31　小玉

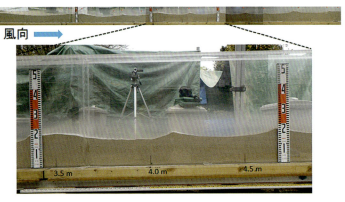

2-6　風洞実験で形成されたメガリップル
上：風洞全体　下：中央部の拡大　小玉

3-1　サーフィス・クラスト　2009.2.5 小玉

3-2　砂柱　右奥からの強風で形成.
2006.12.16　音田研二郎氏撮影

3-3　風成横列シート　上：1998.11.10　下：1998.11.17 小玉

3-4　砂簾　2006.12.16 音田研二郎氏撮影

3-5　砂丘カルメラ
2011.2.16　提供：自然公園財団鳥取支部

3日目　5日目　7日目　9日目

3-6　野外実験で模擬した砂丘カルメラ

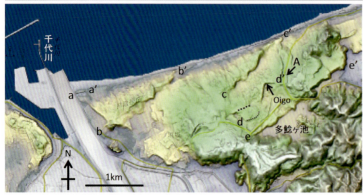

4-1　浜坂砂丘の横列砂丘分布　スーパー地形陰影図に加筆 。小玉
Oigo：追後スリバチ　A：火山灰層断面露頭

新砂丘

ローム層
層厚70cm

DKP
130cm

ローム層
130cm

古砂丘

4-2　火山灰層断面露頭　小玉
露頭の位置：口絵 4-1 の A

馬蹄形渦の発生

4-3　追後スリバチの全景（2007.2.20　南西を向いて）と風洞実験による追後スリバチの模擬 小玉

4-4　松枯れ耐性クロマツの植樹
2014 年より追後スリバチの地山に植樹。2016.6.10 永松

第3砂丘列
第2砂丘列
約800m
第1砂丘列
約700m
第0砂丘列
千代川

4-5　等間隔に配列する横列砂丘群　小玉

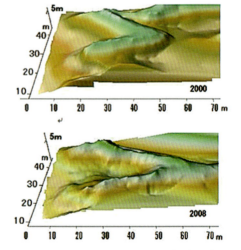

**4-6　乾燥地研究センター内の放物線型砂丘
景観（上）とJデューンの移動実態（下）**小玉

5-1　鳥取砂丘の植生景観　2006.6.14　永松

5-2　植物量が最も多かった時期の砂丘西側（左）と同地域の現在の景観（右）
左：1991.7.12　清水寛厚氏撮影　右：2015.6.2　永松

5-3　鳥取砂丘に見られる代表的な砂丘植物
a：コウボウムギ，右が雄株，手前左が雌株，b：開花中のコウボウムギ雌花序，c：花期のケカモノハシ，d：ケカモノハシのひげ根，
e：ハマヒルガオの花，f：コウボウシバ。いずれも鳥取砂丘内。永松

6-1　鳥取砂丘の絶滅危惧昆虫（絶滅種を含む）のいくつか
a：カワラハンミョウ，b：ハラビロハンミョウ（現在は絶滅），c：エリザハンミョウ，
d：コニワハンミョウ（現在は絶滅），e：ニッポンハナダカバチ，f：ゴヘイニクバエ。
写真撮影：b, e, f は林 成多氏撮影　a, c, d は鶴崎

7-1　直浪遺跡のクロスナ層　2016.9.8　高田

7-2　浜湯山の五輪塔群　2016.12.9　中原

8-1　砂の表象を用いた芸術作品　作品名は第 11 章 2 節参照。

8-2　植田正治《パパとママとコドモたち》　1949 年　提供：植田正治事務所

鳥取砂丘学

鳥取大学国際乾燥地研究教育機構 監修

小玉芳敬・永松 大・高田健一 編

古今書院

The Tottori Sand Dunes

Edited by Yoshinori KODAMA, Dai NAGAMATSU,
and Ken-ichi TAKATA

Kokon Shoin Ltd., Tokyo, 2017

刊 行 に 寄 せ て

　鳥取県のすぐれた自然の一つである鳥取砂丘は，その雄大なスケールや砂が描き出す風紋で有名ですが，そうした景観だけではなく，様々な学術的魅力に満ち溢れた存在でもあります。それ故，鳥取砂丘は鳥取大学が創立以来，深く関わってきた研究対象の代表と言っても過言ではありません。

　農学部の前身校である鳥取高等農業学校の時代から，砂丘地における植林や砂丘の農業利用などの研究を行ってきました。また，戦前の師範学校そして戦後の学芸学部から地域学部に至る流れの中で，地学を始めとする理学的研究や教育の重要なフィールドとして，鳥取砂丘の調査と研究を行ってきました。こうしたこれまでの成果が基礎となって，現在の鳥取大学乾燥地研究センターが出来上がりました。

　このように，鳥取大学は鳥取砂丘の学術的価値や魅力を多面的に明らかにしてきた多くの成果を通じて，天然記念物であり，山陰海岸国立公園の中心でもある鳥取砂丘の保全の一端を果たしてきました。また，それらの成果は鳥取大学の地域貢献の代表例であり，これらの地域で得られた多くの知見を世界の砂漠や乾燥地に応用展開し，国際的にも大きく貢献してきました。

　本書は，鳥取砂丘の様々な特性を，これまでに鳥取大学が携わってきた多様な分野や研究視点に基づいて解説したもので，これから鳥取砂丘を学ぼうとする人の教科書となるべく作成されました。次代の地方を担う多くの若人に本書に触れて頂き，それが鳥取砂丘への深い理解とその魅力の保全に結びつくならば，執筆者及び編者ともどもこれに勝る喜びはありません。

　最後になりましたが，本書の刊行に尽力された小玉教授はじめ執筆者各位に敬意を表するとともに，砂丘や乾燥地の研究が人口増加や食料・水飢饉などの 2050 年問題の解決に，いささかでも貢献しますことを祈念致します。

国立大学法人鳥取大学
学長・国際乾燥地研究教育機構長
豊 島 良 太

はじめに

　本書は，鳥取大学全学共通科目「鳥取砂丘学」の教科書である。同時に砂丘について学ぶ全ての者の入門書となることを願って作られた。「鳥取砂丘」は，多くの人がその名を知る存在である。鳥取大学の卒業生は，おそらく「鳥取砂丘はどうだね？」とたずねられ，彼らは返答に窮したあげく「日本一広い砂場です。」と，日本中でこのような会話が幾万回と繰り返されてきたことであろう。

　2014（平成26）年度から鳥取大学で開講された「鳥取砂丘学」では，地域資源である鳥取砂丘について，大学を中心に蓄積された膨大な知見の一端を学生に教授する。ささやかな気づきの眼を与えることで，学生諸君が在学中に時季を違えて幾度も砂丘を訪れ，その実体験に基づき「砂丘の魅力」を自ら語ることができる観光大使となってくれることを望む。

　砂丘への科学的アプローチは自然科学〜人文・社会科学まで多岐にわたる。いずれも，各学問分野を背景として，それぞれの方法論を駆使し，様々な角度から砂丘を捉えようと試みている。事象を観察・計測・記載し，それらを解析して，分けて「わかるプロセス」の最前線である。このような諸学問への誘いを「鳥取砂丘学」のもう一つの目標とした。

　本書では，鳥取砂丘にみられる具体的事例を積極的に用いた。個別性の追求から普遍性を浮かび上がらせるねらいである。第1章，鳥取砂丘の概要と近現代の変遷から始まり，第2章では鳥取砂丘の自然環境的課題を千代川流域から俯瞰し，第3章〜第5章では気象・地象にかかわる現象を微視的視点から次第にスケールアップさせた。第6章では砂丘の水文現象を，第7章〜8章では生き物に焦点を当て，保全のあり方を考えた。第9章では，より長い時間スケールで砂丘の成立史や変遷史をまとめ，第10章では考古遺跡・遺物から人間活動を推察し，第11章では砂丘を扱った文学・芸術の位置づけを明らかにした。そして最終章では砂丘研究から乾燥地研究への流れを整理した。当初予定していた「比較砂丘学」の章や，砂丘を使ったトレーニングをはじめとする多くのコラムは，残念ながら見送ることとなった。

　浅学の身，誤り等に対する率直なご指摘，忌憚のないご意見を頂戴できれば幸甚である。本書が砂丘研究の課題を検討するきっかけとなり，新たな研究の発展につながれば，これ以上の喜びはない。

　最後に本書の刊行にあたり，的確なご助言，ご支援をいただいた古今書院編集部の関 秀明氏に感謝申しあげる。

編者一同

目　次

口　絵

刊行に寄せて　（豊島良太）　1

はじめに　　　（編者一同）　2

第1章　鳥取砂丘の概要と近現代の変遷 ……………………………………………… 6

1-1　鳥取砂丘の概要　（永松 大）　6

1-2　天然記念物「鳥取砂丘」の誕生（高田健一）　8

　　1）江戸時代以前の鳥取砂丘／2）江戸後期以後の砂丘開拓と軍事利用

　　3）天然記念物指定への動き／4）天然記念物「鳥取砂丘」の誕生

第2章　流域流砂系からみた鳥取砂丘 ………………………………………………… 12

2-1　鳥取砂丘が抱える自然環境的課題（小玉芳敬）　12

2-2　最近50年間にわたる千代川の掃流土砂量変遷（小玉芳敬）　12

2-3　最近60年間の砂浜の粒度変遷（小玉芳敬）　14

2-4　自然環境が回復しつつある鳥取砂丘海岸（小玉芳敬）　14

第3章　鳥取砂丘の風況と飛砂 ………………………………………………………… 16

3-1　鳥取砂丘の風の特性（木村玲二）　16

3-2　飛砂粒子の運動様式（小玉芳敬）　18

3-3　風と飛砂の力学的関係（木村玲二）　19

3-4　飛砂と植生の関係（木村玲二）　21

第4章　砂丘にみられる微地形の成因 ………………………………………………… 24

4-1　砂漣（風紋）（小玉芳敬）　24

4-2　メガリップル（小玉芳敬）　26

4-3　砂簾（小玉芳敬）　27

4-4　クラストと砂柱（小玉芳敬）　29

4-5　風成横列シート（小玉芳敬）　30

4-6　砂丘カルメラ（小玉芳敬）　31

第5章　鳥取砂丘にみられる砂丘形態の特性 ………………………………………… 32

5-1　砂丘形態（小玉芳敬）　32

5-2　鳥取砂丘の砂丘列配置と古砂丘・新砂丘（小玉芳敬）　33

5-3　鳥取砂丘にみられる小型砂丘列の成因（小玉芳敬）　33

5-4　追後スリバチ（小玉芳敬）　35

5-5　放物線型砂丘（parabolic dunes）（小玉芳敬）　36

第6章　鳥取砂丘のオアシス　…………………………………………………　38

6-1　鳥取砂丘の「オアシス」の発生と消滅（齊藤忠臣）　38

6-2　オアシスの発生消滅メカニズム（齊藤忠臣）　38

6-3　砂丘における地下水の広がり（齊藤忠臣）　40

6-4　多鰕ヶ池の水位変動（小玉芳敬）　42

第7章　鳥取砂丘にみられる生態系　…………………………………………　44

7-1　海浜生態系の特徴（鶴崎展巨）　44

7-2　鳥取砂丘の植物（永松 大）　47

　　1）代表的な海岸植物（砂丘植物）とその特徴／　2）希少な植物と外来植物

7-3　鳥取砂丘の昆虫類（鶴崎展巨）　52

　　1）絶滅が危惧される海浜性昆虫／　2）種間競争

7-4　多鰕ヶ池の植物（永松 大）　56

7-5　多鰕ヶ池の動物（鶴崎展巨）　57

第8章　鳥取砂丘の植生管理と動植物への影響　……………………………　58

8-1　鳥取砂丘への植林過程（永松 大）　58

8-2　鳥取砂丘の保全のあゆみ（永松 大）　59

8-3　鳥取砂丘の植生管理と植物への影響（永松 大）　60

8-4　昆虫類への影響（鶴崎展巨）　62

8-5　海外の砂丘保全事例（永松 大）　64

第9章　鳥取砂丘の成立史と環境変遷　………………………………………　66

9-1　砂丘形成に至るまでの景観変遷（小玉芳敬）　68

9-2　GPR 探査と OSL 年代測定（田村 亨）　68

9-3　後期更新世以降の鳥取砂丘の成長と地球環境変動（田村 亨）　70

9-4　砂丘列と丘間低地（小玉芳敬）　72

第10章　砂丘遺跡・遺物からみた人々の暮らし　…………………………　74

10-1　直浪遺跡からみた砂丘遺跡の形成過程（高田健一）　74

　　1）直浪遺跡における層序と形成時期／　2）平野の遺跡と砂丘の遺跡の関係

10-2　遺物からみた人々の暮らし（中原 計）　79

　　1）砂丘遺跡における生業／　2）まつりごと，葬送の場としての砂丘

第11章　鳥取砂丘と文学・芸術 ·· 84

11-1　鳥取砂丘の景観と文化（北川扶生子）　84

　　1) 生活の場としての鳥取砂丘／2) 景観の成立－〈白砂青松〉の浜としての鳥取砂丘

　　3) 全国的景勝地へ－観光旅行者のまなざし／4) オリエンタリズム（東洋趣味）の流行と砂漠イメージ

11-2　砂と想像力－砂の芸術史と植田正治（成相 肇）　83

　　1) 砂はどのように描かれてきたか？／2) 植田正治の特質

コラム　ドーナツ型風洞を用いた風紋描画装置の開発（小玉芳敬）　89

第12章　砂丘研究から海外乾燥地研究へ ····································· 90

12-1　砂丘の農業利用概史（神近牧男）　90

12-2　鳥取大学における砂丘研究（神近牧男）　91

12-3　砂丘の農業利用研究から乾燥地研究へ（神近牧男）　93

　おわりに・謝辞　（編者一同）　94

　参考文献　　　　　　　95

　索　　引　　　　　　　100

第1章

鳥取砂丘の概要と近現代の変遷

1-1 鳥取砂丘の概要

　砂丘は，砂が強い風で運ばれ堆積した地形である。大陸の乾燥地域にみられる砂丘は「内陸砂丘」と呼ばれ，大規模な内陸砂丘は砂漠を代表する景観として多くの人に強い印象を与える。一方，湿潤な日本列島でみられる砂丘は，そのほとんどが「海岸砂丘」である。河川と海流により運ばれた砂が海岸に砂浜をつくり，強い風が後背地に砂を運んで砂丘となり，独特の生態系をはぐくむ。海と陸の接点にできる海岸砂丘は，温暖湿潤でほとんどの場所に森林が発達する森の国，日本にあって，自然草原が成立する数少ない場所であり，様々な面でユニークな存在である。

　日本列島には各地に総延長 1,900 km に及ぶ海岸砂丘が発達しており（図 1-1），海岸線の 7 ％，面積では 224 km^2 が砂丘地である（赤木，1991）。特に，冬季に海から陸側に北西の季節風が吹きつける日本海側には，庄内，新潟，北陸，山陰など規模の大きな砂丘が目立つ。例えば山形県庄内地方の海岸部は長さ 35 km，新潟平野の海岸部は断続的に 80 km も続く砂丘地である。太平洋側では房総半島の九十九里浜が延長 60 km ほど，静岡県の遠州灘砂丘は全体では 100 km を超え，その中で代表的な中田島砂丘は，東西 4 km ほどの規模を持つ（詳細は赤木，2000 を参照）。しかし各地の砂丘には海岸林が造成され，防潮堤がつくられて農耕地や住宅地に改変され，内陸側から狭められてきた。海岸は人工護岸化されて港湾や工業団地へと改変されるとともに，自然海岸も侵食が深刻で砂浜は後退しつつある（由良，2014）。海岸砂丘は内陸側からも海岸側からも著しく狭められている。これに地球温暖化に伴う今後の海面上昇が加わることを考えると，海岸砂丘の状況は危機的といえる。

　日本で最も有名な砂丘である鳥取砂丘は，日本海に面した鳥取県東部に形成された海岸砂丘で，東西 16 km，南北 2.4 km の

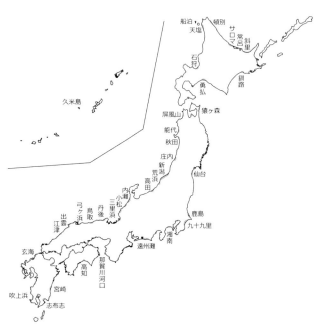

図 1-1　日本列島の主な海岸砂丘
赤木（2000）などから作成。

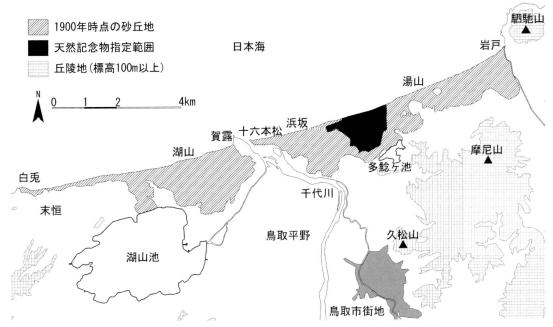

図 1-2　19 世紀末の鳥取砂丘の広がりと現在の天然記念物指定範囲

規模を持つ。中国山地から流れ下る千代川の河口部に位置し，河口東側に位置する部分は福部砂丘と浜坂砂丘に，西側は湖山砂丘と末恒砂丘とに細分される。鳥取砂丘も，国内の他の砂丘地と同様に，人為改変を受けてきた。当地における近代的測量法に基づく最も古い実測地形図は 1:20,000 地形図鳥取近傍（大日本帝国陸地測量部 1900（明治 33）年発行）である。この地図の「砂れき地」の範囲から，当時の鳥取市沿岸の砂丘地（つまり鳥取砂丘）は，鳥取市白兎を西端に，千代川河口の鳥取市賀露の一部を除いて東端の鳥取市福部町岩戸まで約 15.5 km にわたり沿岸部に連続していたと推定された（図 1-2）。当時の鳥取砂丘の面積は 1,332 ha と推定された。現在も砂丘地として残る部分は約 150ha のため，面積比では当時の 11% が残っているに過ぎない。鳥取市沿岸の海岸砂丘地面積は 20 世紀の 100 年間に 9 割減少したことになる（永松，2014）。鳥取砂丘でもほかの砂丘と同様，多くの場所が飛砂防止のためのクロマツ植林地や耕作地，住宅地，空港用地などに転用されてきた。

　現在も砂丘地として維持され，多くの観光客で賑わう「鳥取砂丘」は，浜坂砂丘にあたり，鳥取市浜坂から鳥取市福部町湯山にかけての約 150 ha の部分（東西 2.0 km，南北 1.5 km 程度）である。この砂丘地の大部分が国の天然記念物および山陰海岸国立公園の特別保護地区に指定されるとともに，山陰海岸ジオパーク（世界ジオパーク登録）の指定エリアとなっている（以後，天然記念物鳥取砂丘と呼ぶ）。景観の改変につながる行為が規制されるとともに，自然状態の保全と管理が行われている。

　天然記念物鳥取砂丘を含む千代川東側の浜坂砂丘，福部砂丘の大部分は，明治末期から第二次大戦まで旧陸軍演習地として一般人の立ち入りが制限され，植林や農地開拓などの改変が進んでいなかった。戦後復興期の集中的な植林と，保全や観光開発とのせめぎ合いを経て，現在のような天然記念物鳥取砂丘の形がつくられてきた。1970 年代以降，西側の一部植林地が伐採されて砂丘地に戻され，天然記念物鳥取砂丘は現在に至っている（永松，2014）。

　天然記念物鳥取砂丘では，海面から 47m の高さがある起伏に富んだ砂丘列，常に湿潤に保たれてい

る丘間低地，半月状に急斜面が凹地を囲むスリバチなどによる独特の砂丘景観がかたちづくられている。砂丘の中に隠れ，砂の堆積年代を分ける火山灰層の存在も特筆される。これらに加えて，海岸砂丘に特有の植物や昆虫類がつくる海浜生態系も砂丘に欠かせない要素の一つである。微妙に変化する地形と，砂の動きによりモザイク状に植物群落が発達する。浜辺や林縁，砂丘の植物群落には特有の昆虫類が生息する。鳥取砂丘は，その地形的な特徴と共に，全国的に希少化している海浜植物の生育地，海浜性昆虫のすみかとしてかけがえのない場所である。

（永松 大）

1-2　天然記念物「鳥取砂丘」の誕生

　現代の鳥取砂丘は，長期にわたる変遷を経た歴史的産物である。鳥取砂丘の様々な相貌を知ることは，その魅力や特性をより深く理解するために必要である。本節は，どのような過程を経て天然記念物鳥取砂丘が誕生したのかみる。

1）江戸時代以前の鳥取砂丘

　江戸時代前期の鳥取平野の様子が描かれた「御留場絵図」[1]には，砂丘内を通過する太い赤線（道）が描かれている。これは，因幡と但馬を結ぶ但馬往来の一部で，駟馳山峠を越えた後に砂丘内を東西に横断，浜坂村を経由して城下へと続いている。これは，「沙漠渺茫として往々道を取失う」（安部，1795）こともあったが，江戸時代を通じて利用され，近代に至っても痕跡をとどめていた。前述の陸地測量部の地図には，浜坂北方から第2・第3砂丘列に挟まれた丘間低地（長者ヶ庭）を通過して海岸線に至る道が描かれている（図1-3，B）。

　この道がどの程度古くまで遡るかを考える手がかりの一つは，1099（康和元）年に因幡国司として赴任してきた平時範の日記『時範記』である。彼は，赴任直後の旧暦2月下旬，地元の主だった神社に参詣するが，賀露神社（図1-3，a）の次に服部神社（同b）へ移動する際に，千代川を船で渡河した後，「白

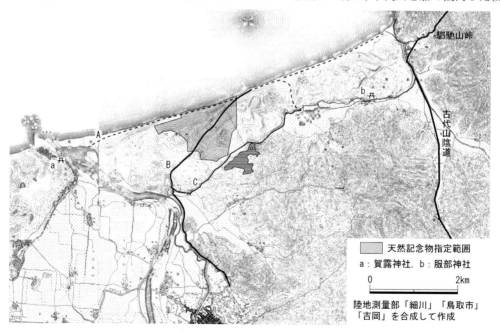

図1-3　鳥取砂丘内の交通路

浜路」を通ったと記している。賀露から福部へ向かう途上で砂丘内を通過する場合，海岸沿いルート（図1-3, A）か，上述の砂丘内横断ルート（B），または多鯰ヶ池北岸ルート（C）が考えられる。春まだ浅い時期に波打ち際を通行したとも思えないから，より内陸側のルートをとったと考えられるが，地元の者が案内して通常利用する道を辿ったであろう。平安時代には存在していた可能性がある。

　もう一つの手がかりは，砂丘内で採集できる土器などの考古資料である。年代が判明するものに飛鳥・奈良時代の須恵器があり，より古い時期にも砂丘が人間の活動領域内だったことを物語る。現在では訪問者も少ない「最深部」を活動の舞台とした人々がおり，現在とは異なる景観を呈していただろう。

2）江戸後期以後の砂丘開拓と軍事利用

　現在の鳥取砂丘は，江戸時代の「小氷期」と呼ばれる寒冷期に大きく拡大したと考えられる。このような環境変化を一つの背景にして，砂防目的の植林活動が江戸時代後期から盛んになる。鳥取砂丘では，藩よりも民間の篤志家が自発的に行う活動が多かったようだ。湖山に定着した米子の綿商人・船越氏の活動のように，18世紀末から数世代の試行錯誤を繰り返し，砂防に有効な樹種の選別や植林方法が開発され，開拓が進められた（立石，1974；田中ほか，1994）。明治期以降は国の近代産業化への政策誘導もあって，生糸業が盛んになる。湖山砂丘では，広範囲の植林地が1930年代までに桑畑に変貌していった。

　その一方，浜坂砂丘の特に東側は広大な砂地が広がっていたが，それは鳥取藩の砲術訓練にとっては好適地で，18世紀中頃から鉄砲打放しの武術訓練場として使用されていた。やがて，幕末になるとペリー来航（1853年）に伴う海岸防備のために，砲術稽古場や水練稽古場（1853, 54年），台場（1863年）が設けられる（徳永，1992）。軍事利用の物的証拠として，火縄銃や幕末期の洋式銃であるエンフィールド銃の弾丸が採集されている（高田・西尾，2017）。

　おそらく，このような幕末・維新期の軍事的な性格が1897（明治30）年に至って鳥取に陸軍歩兵第40連隊がおかれた際に，演習地として利用されることに結びついたのだろう。1924（大正13）年には浜坂砂丘・福部砂丘の大部分が陸軍省の管轄下におかれ，恒常的な軍事訓練の場となる。鳥取砂丘内を歩くと，まれに小銃や機関銃の弾丸を見つけることができるが，それは，砂丘を利用価値の少ない「不毛な」土地とみなした価値観の産物なのである。

3）天然記念物指定への動き

　明治末〜大正時代になると，文化財概念に天然記念物というカテゴリーが登場する。明治前半期には有形文化財の保護に偏り，「宝物」を指定する傾向が強かったが，日露戦争を前後する頃から重工業化や鉄道網の敷設が各地で進められると，開発に伴う遺跡の破壊や景観の変化への危惧が高まり，やがて，その保護を求めて史蹟名勝天然紀念物保存協会という団体が法制化運動を展開する。この運動には貴族院議員や官僚，植物学，地質学，歴史学，考古学，建築学など多分野の研究者がかかわっており（田中，1982），これによって当時のヨーロッパの先進的な議論や価値観が導入され，人文的要素と自然的要素が複合した新たな学術的・美的価値の保存に道が開かれていった。

　1919（大正8）年に史蹟名勝天然紀念物保存法が施行されると，鳥取県においても文化財指定に向けた調査が始まる。考古資料を元にした史跡の調査に始まって（鳥取県，1922・1924），1929（昭和4）年には名勝及天然紀念物の調査報告書が刊行される（鳥取県，1929）。ここでは，相当のページ数を割いて浜坂砂丘が取り上げられており，地形・地質学的な価値はもとより，海浜植物，動物，風景，多鯰ヶ

池の伝説など多面的な価値が論じられている。先行した砂丘内の遺跡に関する考古学的評価も含めると，鳥取砂丘には様々な複合的な価値づけがなされたと言える。これらを受けて，1933（昭和 8）年に，鳥取県は砂丘の天然記念物指定を文部省に申請する。鳥取県教育委員会に残る古い公文書によると，その範囲は，北は海岸線まで，東は「追後摺鉢」と「六兒摺鉢」を含む岩美郡福部村との境界線まで，南は多鯰ヶ池北岸沿いの道（上述のルートＣ）まで，西は現在の鳥取大学乾燥地研究センターの敷地の大部分と浜坂集落の北側に存在した「浜坂摺鉢」を含み，かなり広い範囲を見込んでいた（図 1-4）。面積では，現指定範囲のほぼ 2 倍になる。砂丘の特徴的な地形を全て含み込もうとしたのだろう。

　しかし，この構想は陸軍演習地という現実に阻まれて実現しなかった。1933 年と言えば，満州事変（1931 年）に始まるアジア太平洋戦争が幕を開けたばかりで，歩兵第 40 連隊も出兵していたし，その後も日中戦争に向けて軍事演習が盛んになっていた。鳥取砂丘は，学術や景観への関心を寄せうる場でなくなった。

4）天然記念物「鳥取砂丘」の誕生

　鳥取砂丘が再び天然記念物としての価値を評価されるのは，敗戦後しばらく経った頃である。長く陸軍省管轄地だった砂丘は，1950（昭和 25）年に払い下げられることとなり，その取得に鳥取大学と鳥取市が名乗りを上げた。

　結局，土地を二分し，砂丘の東側を鳥取市が，西側を鳥取大学が取得することで合意されたが，鳥取市の土地取得条件として，20 年間潮害・風害防備林造林用地として使用し続けることが義務づけられた。また，1953（昭和 28）年に海岸砂地地帯農業振興臨時措置法（砂丘開発法）が施行されると，砂丘地への植林に対する国庫補助が手厚くなったため，多額の経費を投入して強力に事業が推進され始めた。さらに，植林地は森林法によって保安林に指定されることになったため，伐採に強い規制がかかることになった（松田，2004）。

　砂丘への大規模な植林計画が明らかになるにつれて，旧法の下で天然記念物指定への道筋をつけていた生駒義博や，民芸運動を主導して文化財保護にも熱心だった吉田璋也ら鳥取県文化財専門委員から，砂丘保存の要望が盛んに提出される。特に，砂丘開発法による植林計画は衝撃的で，「今秋ともなれば一層に鳥取砂丘の変貌は著しくなり，異色ある風致は失はれると共に原始砂丘としての科学的価値は失はれる危機」と訴え，文化財保護委員会（文化庁）に直接文化財指定するよう緊急の対応を求めた。このことは土地所有者の鳥取市などとの合意を経なかったため，問題となった。鳥取市は，植林が一貫した国の政策であること，鳥取大学所有地にも保存されるべき砂丘が存在すること，市にとっては砂防がより優先的な政策であることを訴えて反発している。

　国は，この状況をみて県に意見調整を求めたようで，県の社会教育課は鳥取市と農政課に意見書を送付している。意見書は，文化財保護が産業開発と同一目標（国の繁栄，国民生活の安定と文化的向上）に対する手段の相違であって，対立するものではないこと，「数千年の歴史を経る砂丘が，無形のうちに人間生活に益していることは否定出来ず，現在をもって消滅することについては一層深い研究と考慮を払うべきである」ことを訴え，「百年の後に悔を遺さないよう大局的見地において最善の方策を講ずべく特定の区域を保存することが，公益上必要」とした[2]。

　文化財保護と産業開発とが目標点において対立しないという論理や，予防原則に立った慎重な対応は，様々な文化財破壊や公害問題を経験した 21 世紀の私たちの目からみると，かえって先進的で新鮮に映

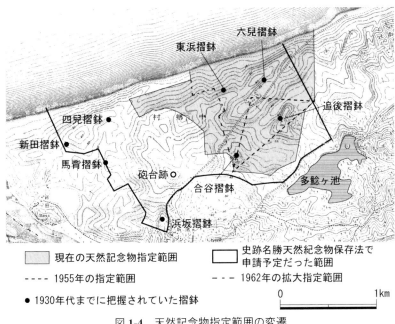

図 1-4　天然記念物指定範囲の変遷
陸地測量部「細川」「鳥取市」を合成して作成。

る。おそらく関係者がそれぞれに努力を払った結果であろう，1955（昭和 30）年に砂丘中央部が天然記念物に指定された。指定範囲は，「長者ヶ庭」，「追後摺鉢」，「合谷（合せヶ谷）摺鉢」の 3 地点を結ぶ三角地帯（およそ 30 ha）である（図 1-4）。かなり抽象的な範囲であり，保存の実効性が担保できるとは思えないが，関係部局が相互に妥協できた象徴的な範囲なのだろう。

　こうして天然記念物指定は成った。しかし，その直後から指定地の拡大を求める動きが起きる。それは，1962 年，1978 年に実現するが，砂丘をめぐるステークホルダー，管轄する行政機関相互の利害や意見調整に多くの時間を費やし，しかも，昭和初期に意図した指定範囲は，結局回復できていない。ただし，この期間に砂丘の保存条件に関する科学的な知見が蓄積され，長期のモニタリングの必要性も認識されて，砂丘への理解がより深まったとも言える。

　鳥取砂丘は，ある時期にはごく普通の生活空間であるが，ある時期には克服すべき「不毛」の地であった。その「不毛」さゆえに軍事利用された時期もあったが，その合間に「天然」の価値や景観美を見出す活動も行われてきた。このような歴史は，私たちが砂丘をどのような存在とみるかによってその性格が大きく変わることを示している。鳥取砂丘の天然記念物指定にかかわった人々は，砂丘を数千午の時間幅で捉えるべき対象として扱い，政策判断を下す際に百年の余裕を見込むべきだと指摘した。鳥取砂丘がたどってきた歴史をよく理解し，長期的な視座と多様な価値観によってその保存を図っていくことが肝要である。
　　　（高田健一）

註
1)「御留場絵図」は，鳥取藩が鉄砲撃ちの範囲を定めたもので，寛文年間(1661 ～ 1673 年)に作成されたことから「寛文大図」とも呼ばれている。
2)　昭和 28 年 8 月 12 日付発社第 48 号「鳥取砂丘保存に関する意見について」。

第2章

流域流砂系からみた鳥取砂丘

2-1 鳥取砂丘が抱える自然環境的課題

　千代川河口から鳥取市福部町岩戸にかけて 7.5 km ほど続く鳥取砂丘海岸では，1970 年頃より徐々に海岸侵食が進行し，1990 年代から顕在化した（小玉・景山，2001；小玉，2004，6-9；鳥取県，2005）。また天然記念物鳥取砂丘では西部を中心として 1980 年代から草原化が顕著となった（図 2-1）。前者に対しては，護岸や人工リーフの建設，サンドリサイクル事業の実施などの対策が，後者に対しては，機械や人力による除草活動が行われてきた。ここでは千代川流域流砂系の観点から，鳥取砂丘が抱えるこれら二つの自然環境的課題にせまり，その原因を考えたい。

図 2-1　草原化が深刻化した当時の
天然記念物鳥取砂丘西部の景観
1990.10.10 清水寛厚氏撮影

2-2 最近 50 年間にわたる千代川の掃流土砂量変遷

　鳥取砂丘の砂の素性を遡れば，直近では砂丘海岸の砂浜や浅海底の砂であり，その前は千代川の河床堆積物，さらには千代川水系の沢の渓床堆積物，最終的には千代川流域の山地を構成する岩石へと至る。このように土砂の流れを一貫してとらえるのが「流域流砂系」の見方である。

　まず千代川が最近 50 年ほど，どのように土砂を運搬してきたのか，その実態を鳥取砂丘海岸の浅海底に発達する沿岸砂州（offshore bar，口絵 1-1）の規模変遷より明らかにする。沿岸砂州とは，砂礫浜海岸において波と底質との相互作用で形成される浅海底の堆積地形（図 2-2）であり，浜の侵食・堆積を理解するには欠くことのできない地形要素の一つである。「ビーチ・サイクル」として知られるように，暴浪時に侵食された汀線付近の砂は，浜に近い沿岸砂州に留まり，波が穏やかになるとこの沿岸砂州が

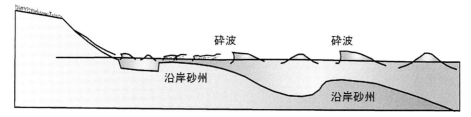

図 2-2　浅海底に発達する沿岸砂州の模式断面図
武田（1999）を改変。

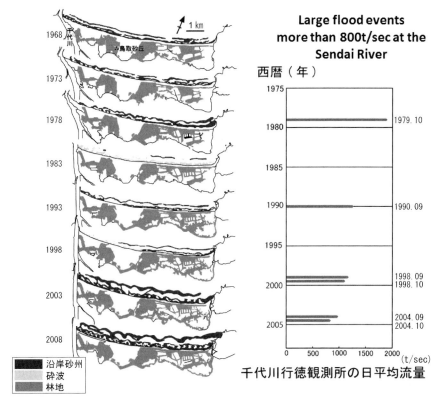

図 2-3 鳥取砂丘海岸における沿岸砂州の規模変遷と
千代川の大規模出水との関係

浜に向かって移動して，最終的には浜に乗り上げバーム（汀段，berm）となる。このようにして汀線の位置が侵食前の状態に回復する（例えば Short, 1975a, 1975b, 1992）。

　沿岸砂州の規模変遷を，鳥取県立博物館所有の郷土視覚定点資料の一部である空中写真（小玉，2000；小玉，2002）を利用して調べた。空中写真には浅海底に発達する沿岸砂州の高まりが淡色の帯として記録されている。判読した結果を図 2-3 左側に示した（藤井・小玉，2009）。

　1968 年には明瞭に判読された 2 列の沿岸砂州が，大局的にみると 1998 年にかけて千代川河口部側から徐々に細っていった。しかし 2003 年になると沿岸砂州の規模が急拡大し，その様子が 2016 年現在まで続いている。なお，1988 年と 2013 年の空中写真では海水が濁っていたため，沿岸砂州を判読できなかった。

　これら沿岸砂州の規模変遷は，千代川の大規模出水と良く対応する。図 2-3 右側には，千代川行徳（ぎょうとく）水位流量観測所（河口部から約 5 km）における流量が 800 m³/s を超えた大規模出水のみを抜粋した。最近 40 年間で 6 回しか起きていない規模の大出水が，1998 年と 2004 年にそれぞれ 2 回ずつ発生した。これらの影響が，1998 年まで縮小傾向にあった沿岸砂州を一気に拡大させた。大出水により千代川の河床に砂があふれ，これらの砂は引き続く小・中規模出水で数年かけて河口部まで運搬されて，2003 年には沿岸砂州の拡大が認められた。1990 年の大出水においても 1993 年には沿岸砂州が若干拡大した。

　ところが 1979 年の大出水に対しては，沿岸砂州の縮小傾向は止まらなかった。これは 1974 〜 1983 年に実施された千代川河口部の河道付け替えと鳥取港整備の工事の影響と考える。全長 1 km ほどの人工流路（捷水路）は，1979 年の運搬土砂により河道形状が整えられ，海にまで土砂が流出しなかった

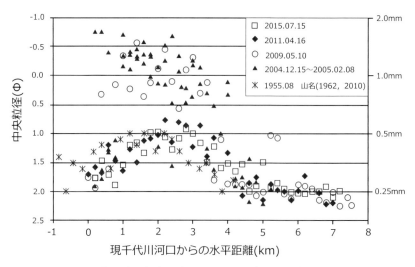

図 2-4　鳥取砂丘海岸の砂浜における中央粒径分布の経年変化
水平距離の 2 ～ 4 km 区間が天然記念物区域に相当する。

と解釈される。

　1968 ～ 1998 年まで沿岸砂州が縮小傾向を示した根本原因は，千代川の川砂利採取や鳥取港浚渫土砂の沖捨ての影響と考えられる。高度経済成長時代に盛んに実施された川砂利採取は，負の遺産として日本中で海岸侵食を招いた。鳥取砂丘海岸では，1998 年以降に千代川で生じた 4 回の大規模出水により，浅海底の砂の量は高度経済成長時代以前の状況に回復した。

2-3　最近 60 年間の砂浜の粒度変遷

　「ビーチサイクル」を通して，浜と浅海底の堆積物は頻繁に交換している。つまり，沿岸砂州の規模が変われば，砂浜堆積物にもその影響が現われると期待される。そこで，千代川河口部から福部町岩戸までの鳥取砂丘海岸において，砂浜堆積物のモニタリングを続けてきた。その方法は，汀線に沿って 200 m 間隔で，バームクレスト部から砂を採取して，沈降管粒度分析装置で粒度組成を求めた。

　その結果を図 2-4 に示した。モニタリングを開始した 2004 年冬には天然記念物区域を含む西側の砂浜は，中央粒径 1.0 mm ほどの粗い状態であった。2009 年にもほぼ類似した粒径分布を示したが，詳しく見ると千代川河口から 2 km ほどの区間で多少細粒化傾向が認められた。2011 年なると，一気に細粒化が進み，千代川河口部付近では 0.3 mm，2 km 付近では 0.5 mm となった。2011 年 1 月の強風暴浪時に砂丘を訪れた際，前年までの暴浪時には砂丘の際まで押し寄せていた波が，手前で止まっていた。つまり汀線が前進したことを意味する。浜が太ることに伴い，堆積物の細粒化が起こった。

　1955 年 8 月に実施された同様の調査結果（山名，1962；2010）と比べると，河道付け替えに伴い千代川河口が東に 800 m 移動したことを加味すれば，2011 年や 2015 年の中央粒径は，ほぼ類似する変化傾向であることがわかる。1955 年は高度経済成長により大規模な川砂利採取が実施される以前であり，すなわち鳥取砂丘海岸は 2010 年代になって砂の量・質ともに，自然に近い状態に戻りつつある。

2-4　自然環境が回復しつつある鳥取砂丘海岸

　砂浜の中央粒径が，1.0 mm であるか，0.5 mm 以細であるかは，飛砂現象に決定的な差違をもたらす。

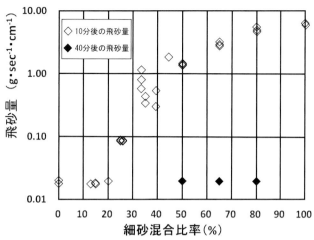

図 2-5　飛砂量に及ぼす粒径の混合効果

長尾・小玉（2011）を改変。

径 1.0 mm と 0.2 mm の 2 粒径混合で実施した風洞実験（定常状態維持のため適宜給砂）によると，1.0 mm の粒径が 80％以上混ざった条件では当初から飛砂が抑制された。一方，20％以上混ざった条件では，当初の 10 分ほどは盛んであった飛砂が，40 分後にはほとんど起こらない状況になった（図 2-5）。つまり砂の表面に 1.0 mm の粒子が選択的に残留し，経過時間とともに砂表面の粗粒化が進行したために，飛砂が抑制された。このように 1.0 mm 以粗の粒子は，飛砂を極端に抑制する。

　天然記念物鳥取砂丘の海浜砂の中央粒径が 1.0 mm 前後であった時代，海浜からの飛砂量は極端に少なかったと考えられる。飛砂の最大の特徴は，風上側からの飛砂の有無が風下側の飛砂量に大きく影響することである（Bagnold, 1954, 94-95）。これは，飛砂粒子を含んだ風が飛砂粒子のない風と比べ，空気と粒子の比重の関係で約 2,000 倍以上の威力を持つことになるからである。すなわち，砂浜からの飛砂が抑制されると，砂丘内での飛砂も不活発となる。このことが非砂丘植物の繁茂（草原化）を助長してきた一つの要因と考える。

　砂丘における sandblasting（サンドブラスト）実験によると，ビロードテンツキ（砂丘植物・在来植物）はオオフタバムグラ（非砂丘植物・外来植物，図 7-6b）と比べ，sandblasting に対する抵抗性が強く，顕著な回復力が認められた（小玉，2009）。一般的に砂丘植物は葉肉が厚く，飛砂に対する耐性を備えている。

　鳥取砂丘海岸の砂が量・質ともに自然回復しつつある現在，鳥取砂丘の海岸侵食と草原化の課題は，今後しばらく緩和する可能性が指摘できる，長期にわたるモニタリングが求められる。

（小玉芳敬）

第3章

鳥取砂丘の風況と飛砂

3-1　鳥取砂丘の風の特性

　鳥取砂丘が本来の砂の動きを取り戻し，自然の地形を維持するためには，現場の風況や砂移動の変化を持続的に把握する必要がある。鳥取県では，砂丘中央，南側砂防林，砂丘入口に風向・風速計を設置しており，観測は現在でも継続して行われている（図3-1）。特に，砂丘中央では，観測データが鳥取砂丘再生会議事務局に自動送信されており，一般の人もタイムリーに，風況を10分ごとにインターネットで知ることができるようになった。ここでは，砂丘の動きが"風"に支配されていることを前提に，2012〜2014年までに得られた，砂丘中央の風向・風速データから，鳥取砂丘における風の特徴を解説する。

　設置場所の周辺の様子について，砂丘中央では第2砂丘列の稜線に位置し，周辺はほぼ解放されてい

図3-1　鳥取砂丘における風向・風速計の設置場所（丸内）および周辺の様子
高山ら（2009）を改変。

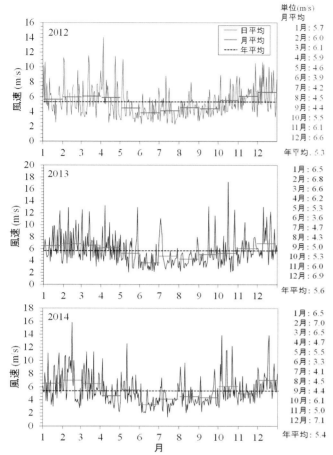

単位(m/s)
月平均

2012
1月：5.7
2月：6.0
3月：6.1
4月：5.9
5月：4.6
6月：3.9
7月：4.2
8月：4.5
9月：4.4
10月：5.5
11月：6.1
12月：6.6
年平均：5.3

2013
1月：6.5
2月：6.8
3月：6.6
4月：6.2
5月：5.3
6月：3.6
7月：4.7
8月：4.3
9月：5.0
10月：5.3
11月：6.0
12月：6.9
年平均：5.6

2014
1月：6.5
2月：7.0
3月：6.5
4月：4.7
5月：5.5
6月：3.3
7月：4.1
8月：4.5
9月：4.4
10月：6.1
11月：5.0
12月：7.1
年平均：5.4

図 3-2　2012 年から 2014 年までの砂丘中央における日平均風速，月平均風速の季節変化，および年平均風速
木村・阿不来堤（2016）

る。砂丘中央における年平均風速は，5.3 〜 5.6 m/s の範囲であり，この 3 年間ではほとんど変化がない（図 3-2）。鳥取砂丘の砂が風で動き始めるのは 1 m 高度において約 4 m/s で（松田，1990），風速計設置の 5 m 高度で約 5 m/s に相当するので，年間平均でみると，夏季の風速の小さい時期を除けば，砂を動かす風が卓越している。月平均風速が年平均風速より大きい月は，11 〜 2 月の冬季と 3 〜 4 月の春季である。一方，鳥取砂丘における風向は，そのほとんどが北方向と南方向に分かれている（図 3-3）。10 m/s 以上を強風と定義すると，その風向のほとんどが北方向からであり，10 m/s 未満の風の風向頻度のほとんどは南方向である。

　砂が動き始める風速が 5 m/s 以上で風向の頻度分布を調べると，南，北，西，東の順で頻度が大きく，年によってそれほど変化みられない（表 3-1）。砂丘列を大きく移動させると思われる 10 m/s 以上の強風の風向頻度分布を調べると，順位が逆転し，北，南となった。南北成分と東西成分それぞれの差し引き値を風向のベクトルとして二つの成分の合力を求めると，2012 年は北西，2013 年は北北西，2014 年はほぼ北になり，経験的に良く知られている卓越風が北西方向という事実とほぼ一致する。また，砂を移動可能にする総風力エネルギー量を方位別に調べた結果（表 3-2），北，南，西，東の順でエネルギーが大きくなった。南北成分と東西成分それぞれの差し引き値を風向のベクトルとして二つの成分の合力を求めると，2012 年は西（1,033 MJ/m²），2013 年は北西（1,434 MJ/m²），2014 年はほぼ北（14,158 MJ/m²）になり，年によって砂を動かすエネルギーの量と方向は大幅に異なる。台風や低気圧などの大規

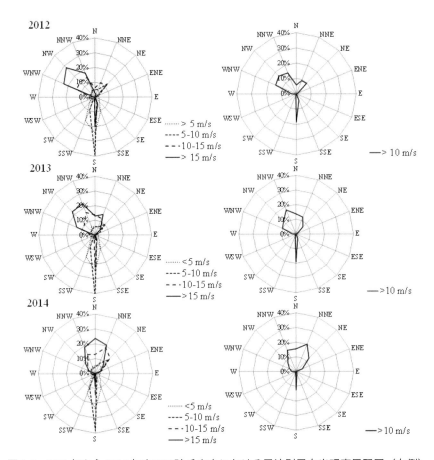

図 3-3　2012 年から 2014 年までの砂丘中央における風速別風向出現率風配図（左側）
と風速が 10 m/s 以上の強風風向出現率風配図（右側）

木村・阿不来堤（2016）

表 3-1　2012 年から 2014 年までの砂丘中央における
風向の方位別頻度

U ＞ 5m/s（％）				U ＞ 10m/s（％）		
	2012 年	2013 年	2014 年	2012 年	2013 年	2014 年
東	9	7	12	7	5	11
西	17	15	12	27	18	12
南	**45**	**45**	**40**	25	25	16
北	29	34	36	**42**	**52**	**61**

左表は風速 5 m/s 以上のデータを対象，右表は風速 10 m/s 以上のデータを対象。太字は各年の 1 位。木村・阿不来堤（2016）

表 3-2　2012 年から 2014 年までの砂丘
中央における方位別総風力エネルギー量

U ＞ 5m/s（MJ/m²）			
	2012 年	2013 年	2014 年
東	434	407	749
西	1467	1285	838
南	**2160**	2268	1797
北	2138	**3402**	**15955**

ただし，砂が転動で動き始める風速 5 m/s 以上のデータを対象。太字は各年の 1 位。木村・阿不来堤（2016）

模な気象現象の発生数および通過進路は年ごとに異なるため，砂丘の飛砂量や砂丘列の移動に大きな差異を与える。よって，砂丘地形の将来像を予想するのは容易ではない。　　　　　　　　　　（木村玲二）

3-2　飛砂粒子の運動様式

　風による粒子の運動様式は，suspension（浮流・浮遊）・saltation（躍動・跳躍）・surface creep（匍行）と分類されてきた（Bagnold,1954）。ハイスピード・ビデオカメラを用いた飛砂粒子の運動解析に基づき，

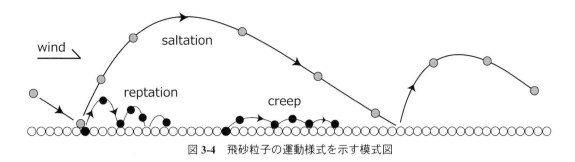

図 **3-4**　飛砂粒子の運動様式を示す模式図

creep に代わる reptation（被弾飛散動，Anderson,1987；Anderson and Haff,1988）の重要性をここで指摘したい。

　suspension とは，風により舞い上がった粒子が，いつまでも空中を漂って運ばれる運搬様式である。跳ね上がった粒子は重力で落下するものの，0.07 mm（70 μ m）より細かい粒子では，風の乱流渦により上昇を繰り返し，浮遊を続ける。それらが dust storm（砂塵嵐）や loess（風成塵）となり，長距離を移動する。砂丘そのものの形成には，ほとんど関与しない粒子の運動様式である。

　saltation とは，風による圧力や他粒子の衝突により上方に跳ね上がった粒子が，風で加速されながら自由落下する運搬様式で，粒子の軌道は非対称形となる（図 3-4）。躍動粒子は砂面に衝突した後，そのまま跳ね上がり躍動を続けるものが大半であるが，衝突の際，新たな躍動粒子を生じさせることもある。通常の風では，細砂から中砂（0.125 ～ 0.5 mm）に卓越する運動様式である。

　砂面との衝突でエネルギーを減じた躍動粒子は，上方に跳ね上がり強い風に押されることで再びエネルギーを得る。このことが，躍動運動を続ける鍵である。この様子を捉えるために，砂面より 5 cm 高さの風速が 18.0 m/s の条件下で風洞実験を実施し，飛砂粒子の運動軌跡を毎秒 960 コマのハイスピードカメラで風洞側面より記録した。粒子の追跡を容易にするため，径 3.6 mm，比重 0.9 のポリプロピレン粒子を実験に用いた。解析した結果の一例を図 3-5 に示す。saltation 粒子の速度変化をみると，70 ～ 300 cm/s で大きく変動し，粒子が飛び跳ねてから一様に加速される様子や，砂面と衝突して減速する様子，そして再び飛び跳ねて加速される様子が良くわかる。

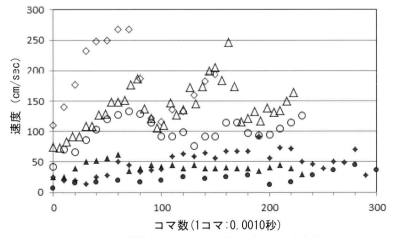

図 **3-5**　運動様式別にみた飛砂粒子ごとの速度変化
◇△○：saltation，◆▲●：reptation のそれぞれ粒子を示す。

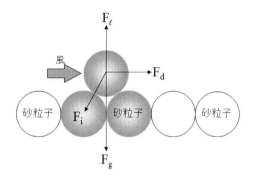

- F$_d$: 風が砂粒を動かそうとする力（抗力）
- F$_\ell$: 風が砂粒を浮かせようとする力（揚力）
  }粒子を動かす力
- F$_g$: 重力
- F$_i$: 粒子間結合力 (F$_i$ =F$_{iv}$+ F$_{ie}$+ F$_{ic}$+ F$_{ich}$)
  }粒子を留めようとする力
    - F$_{iv}$：ファンデルワールス力
    - F$_{ie}$：粒子間静電力
    - F$_{ic}$：粒子間を覆う表面水による表面張力
    - F$_{ich}$：化学結合力

図 3-6　風が吹いているときに砂粒に作用する力関係

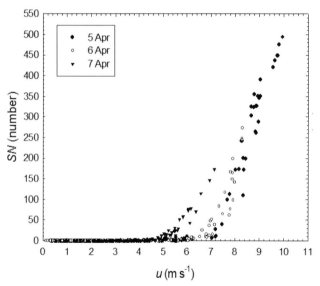

図 3-7　鳥取砂丘における風速と **saltation** 数との関係
阿不来堤・木村（2011）

creep とは，砂面に沿って粒子が這うように移動する運動様式である。しかし，高速ビデオカメラによる風洞実験では，saltation 粒子の衝突により弾き飛ばされた粒子（reptation）が大半を占めた。粒子の始動を肉眼で認識するのは，多くの場合，砂面を這って移動する粒子であるが，このとき高速カメラにはすでに多くの躍動粒子が記録されていた。creep を風の力のみで転がりはじめる粒子運動に限定すると，実験初期の乱された砂面でしか，そのような粒子運動は確認できなかった。今後は creep の代わりに reptation を用いるべきと思われる。

reptation 粒子と saltation 粒子を分ける鍵は，粒子の飛び跳ねる高さにある。飛び跳ね高さが低ければ，粒子は充分に加速されず（図 3-5），何回か跳ねた後，やがて停止する。これが reptation 運動である。reptation は，風紋の形成（第 4 章 1 節）とも密接にかかわっており，飛砂粒子の運動様式は今後，suspension，saltation，reptation の用語に統一すべきであろう。

（小玉芳敬）

3-3　風と飛砂の力学的関係

図 3-6 に，風が吹いているときに砂粒に作用する力関係を示す。風が飛んでいる飛行機の翼に対して働く力と同じように，砂粒にも風による抗力が働く。また，風によって砂粒を浮かせようとする揚力も働き，この二つの合力が砂粒を動かす力となる。一方で，粒子を地面に留めようとする力も働く。一つは重力であり，もう一つは粒子間結合力である。粒子間結合力は，ファンデルワールス力，粒子間静電力，粒子間を覆う表面水による表面張力，化学結合力の四つの結合力の合力で表され，粒径に比例する。

砂粒の粒径や形，重さによって図 3-6 に示した力のバランスは異なり，運動形態も異なることは容易に想像がつく。saltation は，風紋の生成に大きくかかわる，粒径が 0.07 〜 0.5 mm（70 〜 500μm）の範囲の鉱物または土壌粒子が風で引き起こされる飛砂現象であるが，この場合，風による抗力と揚力の合力が，重力と粒子間結合力の合力を上回ることで成立する。粒径がそれ以下，またはそれ以上では運動

形態は異なってくる。鳥取砂丘の場合，粒径の範囲は 0.2 ～ 0.6 mm（200 ～ 600 μm）であり，0.35 mm（350 μm）付近の粒が一番多い。したがって，鳥取砂丘の砂の運動形態のほとんどは風速にもよるが，saltation と考えられる。図 3-7 は，鳥取砂丘で得られた風速と saltation 数との関係を示している。日によって saltation が発生し始める風速（臨界風速という）は異なるが，臨界風速を起点にして，saltation 数はべき乗に増加していく傾向がみてとれる。一般的に，saltation 数は以下の式のように，風速の 3 乗に比例する。

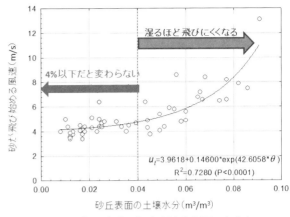

図 3-8　鳥取砂丘における砂丘表面の水分と臨界風速との関係
阿不来堤・木村（2011）

$$Q = D \cdot U(U^2 - U_t^2)$$

ここに，Q は saltation 数，D は砂の粒径分布で決まる係数（重力項も含む），U は風速，U_t は砂が動き始めるときの臨界風速である。

　飛砂現象は，風が強いからと言って必ずしも発生するわけではない。一般的に，飛砂の発生を抑制する要因として，①植生の被覆，②土壌表層の水分，③クラストの形成，④雪氷の被覆，⑤土壌表層の凍結，などがあげられる。例として，鳥取砂丘における砂丘表面の水分と砂が飛び始める風速（臨界風速）との関係を示す（図 3-8）。表層の土壌水分が 4% 以上になると，粒子間結合力の影響で臨界風速は大きくなっており，表面が湿るほど砂が飛びにくくなるのが理解できる。

　さて，鳥取砂丘では，雑草が繁茂することで砂移動が抑制され，砂丘の景観にそぐわない「草原化」

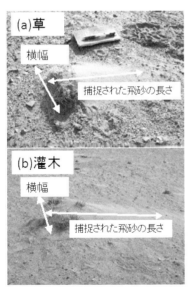

図 3-9　モンゴルで観測された植生の背後に捕捉された飛砂粒子
Kimura (2013)

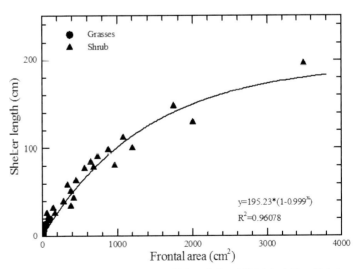

図 3-10　モンゴルで観測された植生の背後に捕捉された砂の長さと植生の壁面積との関係
壁面積：風向に対する植物の壁面積。単純に植生の高さと幅をかけたもの。
Kimura (2013)

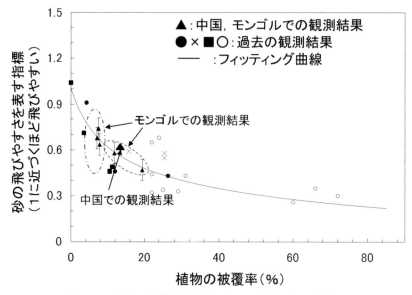

図 **3-11** 植生の被覆率と飛砂の起こりやすさとの関係
Kimura and Shinoda (2010)，Abulaiti *et al.*(2013)

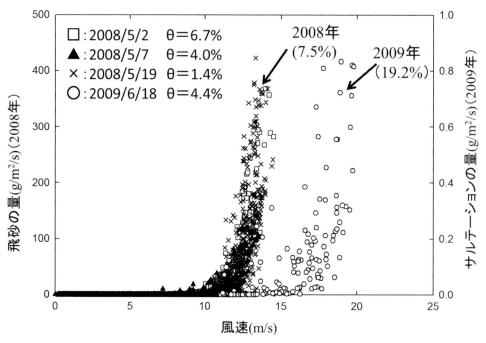

図 **3-12** 植被率による飛砂臨界風速の違い
θは表層の土壌水分。Abulaiti *et al.* (2013)

が過去に進行したが，次節では植生がいかにして飛砂を抑制するかを解説する。

3-4 飛砂と植生の関係

　植生が飛砂の発生を抑制する効果として，①風による運動エネルギーを吸収（つまり，風を弱める効

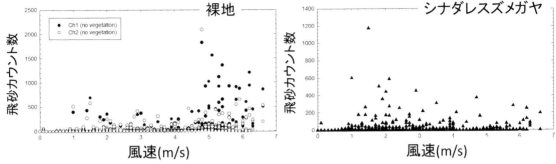

図 3-13　シナダレスズメガヤ群落地と隣接する砂地の風速と飛砂の関係
（2011 年 11 月 16 日〜 12 月 18 日までの結果）
黒枠は雨によるカウント数。図 3-1 の A 付近で観測。

果），②地表面を直接被覆することによる裸地面積の減少，③跳躍による飛砂粒子を捕捉する，などが考えられる。植生というと，緑色の植物と考えられがちだが，枯れ草も充分に飛砂の抑制効果を持つ。

　図 3-9 は枯れ草および枯れ灌木の背後に捕捉された飛砂粒子を撮影したものである。捕捉された粒子の粒径分布を調べてみると，125 〜 646 μ m の範囲に分布しており，植生は saltation の起こりやすい粒子を選択的に捕捉していることが理解できる。図 3-10 は，植生の背後に捕捉された飛砂の長さと植生の壁面積との関係を示したものである。このように，植生の壁面積が大きくなるほど，補足される粒子は多くなるが，ある程度の壁面積になると捕捉された砂の長さは頭打ちになる。

　図 3-11 は，モンゴルや中国で観測された植生の被覆率（植被率）と飛砂の起こりやすさとの関係を示したものである。植被率が増加するほど飛砂は起こりにくくなるが，とりわけ植被率が 20 ％までは，飛砂は急激に低下している。つまり，植被率が 20% 以上あれば飛砂や黄砂の発生抑制に効果的であることが理解できる。図 3-12 は，モンゴルで観測された 2008 年（植被率が 7.5 ％）と 2009 年（植被率が 19.2 ％）の飛砂臨界風速の違いを示したものである。臨界風速とは，飛砂が起こり始める風速のことを言うが，植被率が大きくなると臨界風速は大きくなり，飛砂の量も大幅に減少している（500 倍異なる）。

　図 3-13 は，鳥取砂丘のシナダレスズメガヤ群落地と隣接する砂地の飛砂の違い（ここでは飛砂のカウント数）を比較したものである。前述したように，裸地では風速が 4 〜 5 m/s で飛砂が始まっているのに対し，群落地では飛砂がほとんど発生していない。シナダレスズメガヤ（図 7-6c）は，砂の移動を防ぐ目的で取り入れられた外来種であるが，根の張り具合が強いことも相まり，飛砂の抑制効果は高い。

　このように，植生は風に対する壁面積や植被率を通して，飛砂を抑制する効果を持つが，さらには，植生の風に対する柔軟性も飛砂の捕捉に大きく関連していることがわかってきた（木村，2015）。鳥取砂丘はもちろんのこと，近年話題になっている黄砂の発生源である中国やモンゴルでの発生源対策には，このような植生の幾何学的構造や柔軟性の解明は重要である。　　　　　　　　　　　　　　（木村玲二）

第4章
砂丘にみられる微地形の成因

4-1 砂漣（風紋）

　砂丘や砂浜にみられる最も有名な風成微地形の一つが砂漣（wind ripple，風紋）であろう（口絵2-1）。典型的な波長は 10 cm 前後，高さは 1 cm にも満たない。断面形態は風上側斜面が緩く，風下側に急な非対称形をなし（図 4-1），ゆっくりと風下側に移動する横列の砂床形である。太陽光線に対する反射の違いが紋様を際立たせる。風速 4 ～ 5 m/s ほどの風で形成され，10 数 m/s 以上の強風で消滅する。

　細砂～中砂を用いた風洞実験において，風紋は数分で形成される。当初は波長 2 ～ 3 cm の短い風紋が，10 分ほどで 5 ～ 8 cm のものへと成長する。砂粒の動きを観察すると，砂面を這って流れる砂は，移動と停止を繰り返し断続的に動く。これらの砂粒群は同調して息をするように移動と停止を繰り返し，粒子が停止する場所がやがて風紋の峰へと成長する。

　風紋の成因はかつて saltation にあると考えられてきた（例えば Bagnold, 1954）。しかし，saltation の波長は一般的に数 10 cm ～ 2 m 以上と長く，風紋の波長とは一致しない。3 章 2 節で述べたように，砂面を這って流れる砂粒の多くは，saltation 粒子の衝突で生じた reptation 粒子であり，Anderson（1987）が指摘したように reptation の運動が風紋の形成には重要な役割を果たしている。風速が速くなると saltation 粒子の数が増え，砂面への衝突回数が増加するために，reptation 粒子は停止することなく連続して流れる。こうなると風紋は消滅して，平滑床となる。風洞実験ではこの様子を容易に観察できる。

　無風時の砂丘で砂面を平滑にならし，そこに勢いよく砂を投げつけると，10 分ほどで「風紋もどき」の紋様が形成される。Anderson が提案したこの実験は，saltation の衝突による reptation を再現したものである。無風であるため saltation 運動は継続しない。つまり reptation が風紋の形成に関与することを強く示唆する実験と言える。

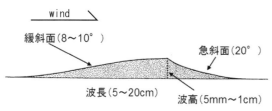

図 4-1　風紋の模式縦断面図
Sharp（1963）を改変。

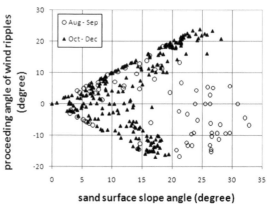

図 4-2　斜面の傾斜角と風紋の進行傾斜角の関係
縦軸の風紋進行傾斜角は登坂をプラスで，降坂をマイナスで表現した。Kodama and Kittaka（2011）

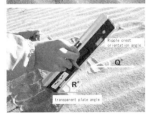
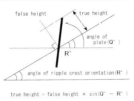

図 4-3　透明アクリル板を用いた風紋縦断面の計測方法
Kodama and Kittaka（2011）を改変。

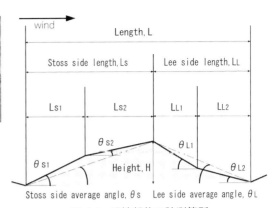

図 4-4　風紋部位の計測箇所
傾斜角の違いを明瞭にするために，風上側斜面は短く描かれている。Kodama and Kittaka（2011）を改変。

　さて，砂丘では様々な斜面に風紋が形成される。風紋はどの傾斜角まで登り，あるいは降ることができるであろうか。鳥取砂丘において斜面傾斜とそこに形成された風紋の進行傾斜角を計測した結果，登坂・降坂の限界傾斜角は，それぞれ 24 度と 17 度であることが明らかになった（図 4-2）。

　何がこの限界傾斜角を決めているのか。鳥取砂丘で様々な斜面に形成された風紋の断面形態を徹底的に調査した。透明アクリル板を風紋の進行方向に差し込み，手前の砂を取り除いて断面形態を写し取る方法で 648 個の断面を記録した（図 4-3）。このときアクリル板を鉛直ではなく，斜めに差すことで高さ数 mm の風紋の起伏を誇張して記録した。アクリル板の傾斜角と風紋の峰ののびる角度を計ることで，幾何学的に補正して真の断面形態を求めた。

　風紋の断面形態を詳しくみると，およそ半数の風紋で，風上側斜面と風下側斜面に，傾斜の変換点が 1 つずつ認められたため（図 4-4），部位ごとの長さや角度を計測した。風紋の進行傾斜角ごとに認められた代表的な断面形態を，図 4-5 に示す。風紋の進行形傾斜角に応じて，登坂で波長が長く，降坂で短くなった。登坂は風が直接当たる斜面，降坂は風陰の斜面となるため，風速の違いが波長に影響したと考えられる。降坂の急な傾斜角では，風下側斜面が上に凸型を示し特徴的であり，登坂の緩い傾斜角で風紋の高さが最も高くなった。

　風紋の進行傾斜角と風紋部位の最大傾斜角の関係を図 4-6 に示す。風紋の風下側斜面（lee-side slope）は通常，20° 前後で，32 ～ 35° の安息角より小さい。急な降り斜面に形成された風紋の θ_{L2} が絶対角度で安息角に近づくと，斜面が不安定となり風紋が維持されなくなる。同様に，登り斜面では風上側斜面（stoss-side slope）の一部 θ_{S1} が安息角に近づくと，風紋が消滅すると考えられる。このように，風紋の進行限界傾斜角は，風紋を構成する部位の絶対角度が安息角に近づくことで，風紋の形態維持が困難となるために決まるものと考えられる。

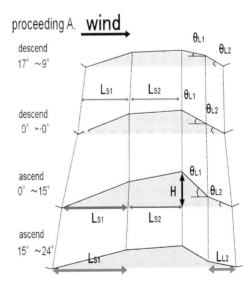

図 4-5　風紋の進行傾斜角に応じた縦断面形態の特徴を示す模式図　Kodama and Kittaka（2011）。

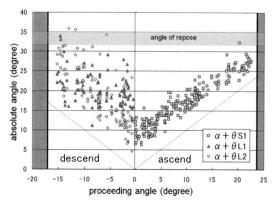

図 4-6　風紋の進行形傾斜角（α）と
　　　　風紋部位の傾斜角の関係

両端の網掛け部分は，登坂（24°）・降版（17°）進行
限界傾斜角を示す。Kodama and Kittaka（2011）を改変。

4-2　メガリップル

　径 4 ～ 8 mm 前後の粗い粒子が混じる砂丘地では，希に波長が 30 cm ～数 m に及ぶメガリップル（mega ripple, giant ripple, granule ripple）が観察される（口絵 2-2）。風紋は至る所で観察されるのに対して，メガリップルはその範囲が限られている。断面形態は口絵 2-2b に示すように下に凸を示す。Sharp（1963）などがすでに指摘しているように，粗い粒子がメガリップルの峰部や風下側斜面に集積している（Cooke *et al.*, 1993, 268）。

　鳥取砂丘においても 2013 ～ 2015 年に，メガリップルが特定の場所で春先に観察された（口絵 2-3）。L9 杭付近に広がる火山灰露出地周辺である。ここでメガリップルの峰を構成する粗い粒子は，火山灰露出地から流されてきた火山灰の団粒状粒子であった。この火山灰露出地は，2006 年頃には相撲の土俵くらいの広さであったのが，表層を覆っていた砂が地表流により流されて露出域が拡大し，野球の内野ほどの広さにまで 7 ～ 8 倍に面積が拡大した。火山灰露出地の拡大に伴い，周囲の砂地表面に運ばれる火山灰団粒子の量が増加した。このことが，メガリップル形成の鍵を握る。これをヒントにして，風洞実験でメガリップルの模擬を試みた。

　幅 9 cm，深さ 60 cm，長さ 7.28 m の透明アクリル製の風洞を作成した（口絵 2-4）。径 0.125 ～ 0.25 mm の風成砂を厚さ 14 cm（予備実験）と 23 cm（本実験）で敷き，マキタの送排風機（MF-320）により，風速 16 m/s（予備実験）と 17 m/s（本実験）で実験を行った。火山灰の団粒子に相当するものとして，中径 3.8 mm のポリプロピレン粒子を用いた（図 4-7）。比重 0.9 と軽い粒子である。

　予備実験では，風成砂の表面に散布するポリプロピレン粒子の量を 7 段階に変え，16 m/s の風でそれぞれ 30 分間実験を行った。その結果を図 4-8 に示す。ポリプロピレンの散布量が 6.25 ～ 50 g まで増加するにつれ，波長 30 ～ 80 cm の下に凸のメガリップルが個数を増した。散布量が 6.25 g と少ないときには，風洞上流側の風食部から供給された砂で，下流側のポリプロピレンが埋没した。散布量 100 g ではメガリップルの波長が最大で 1.2 m に達した。しかし散布量がさらに増える

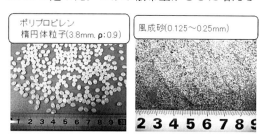

図 4-7　メガリップルの模擬実験に用いた材料

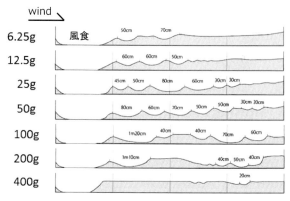

図 4-8　ポリプロピレン粒子の散布量を変えた
　　　　実験終了時の見取り縦断図

左端の重量が，風洞長 1.82 m あたりのポリプロピレン粒子の散布量を示す。風洞全景のスケッチで，下に凸部の波長をそれぞれ記した。

と，ポリプロピレン粒子が砂面を覆い尽くし，風
食が起こらなくなった。鳥取砂丘の火山灰露出地
周辺でメガリップルが 2016 年に観察されなかっ
た。その理由は，火山灰露出域のさらなる拡大に
伴って，過剰の団粒状粗粒子が供給されたためと
理解できる。

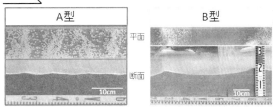

図 4-9　実験で形成された 2 種類の砂床形
平面写真によるポリプロピレンの平面的分級と断面
形態を合わせて，砂床形を把握。

ポリプロピレンの散布量を 82 g/ 1.82 m（45 g/m）
とし，風成砂を 23 cm と厚く敷くことで風食によ
る風洞床の露出を遅らせ，40 分間の本実験を実施
した。その結果，風洞全体にわたりメガリップル
が形成され（口絵 2-6），その発達過程や動態が明
らかになった。なお風速は 17 m/s であった。

実験初期には，ポリプロピレン粒子が 10 cm
ほどの間隔で渋滞ゾーンをつくり（図 4-9，A 型），
風成砂が露出した箇所で選択的に風食が進み，
風上側斜面が急で風下側斜面が緩い，風紋と逆
形態の侵食微地形が形成された。実験の経過と

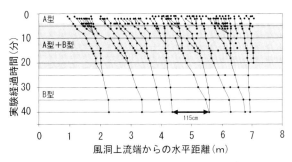

図 4-10　砂床形峰部の位置の走時曲線

共に，ポリプロピレン渋滞域の移動合体が進み（図 4-10），波長を増してメガリップルへと成長した（図
4-9，B 型）。つまり，ポリプロピレンの粗い粒子が渋滞域を形成することで，下位の風成砂の風食を阻
害した。逆に粗い粒子がなくなった箇所では風食・砂面低下が進み，下に凸型円弧状のメガリップルが
形成された。40 分間の実験で平均波長 74.5 cm，平均波高 4.3 cm へと成長した。

砂丘においてメガリップルは，ごく限られた範囲に観察される。この理由は，「粗い粒子の欠損」以
外に，「メガリップルが砂面低下過程で形成される侵食微地形」である点に求められる。つまり，メガリッ
プル域の風食により生じた砂が供給される風下側では，砂面低下が起こりにくくなるためである。

神社や公園などでメガリップルと類似した波長 1 m 前後の下に凸型地形がしばしば観察される（口絵
2-5）。砂埃を防ぐために敷かれた径 5 ～ 10 mm ほどの砕石が人の歩行に伴い蹴飛ばされて，峰部に集まっ
たものと考えられる。reptation 運動につながるヒントがここにもある。

4-3　砂簾

砂丘列の滑落斜面上部にしばしば砂簾（されん）と呼ばれる微地形が観察される（口絵 3-4）。砂簾という名
称が初めて用いられたのは徳田（1917）である。乾いた砂が集団で流れ降る乾燥岩屑流（dry debris
avalanche）が幾筋も流れ，複合することで簾状にみえる微地形である（鳥取県，1929）。砂簾には幅 10
cm ほどの小型のものと，幅 2 m に及ぶ大型のものが存在する（図 4-11）。乾いた砂簾と湿った斜面との
色のコントラストが鮮やかな小型のものがよく知られている。大型の砂簾の特徴は，乾いた斜面におい
て転波列（てんばれつ）をつくりながら，長い距離流れ降ることである。これらの 2 種類の砂簾の成因を考えてみよう。

2 種類の砂簾には，共通点が認められる（美藤・小玉，2011）。砂簾の上部斜面には崩壊跡が残る「砂
簾の発生域」があり，その下に砂簾が流動し停止する範囲がある。発生域と流動停止域の斜面傾斜を計
測した結果，発生域は 36 ～ 42°と安息角よりも急な斜面で，流動停止域は 31 ～ 34°の安息角の滑落斜

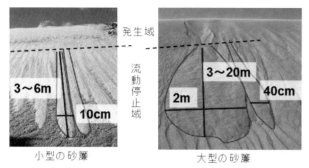

図 4-11　鳥取砂丘で観察される 2 種類の砂簾景観

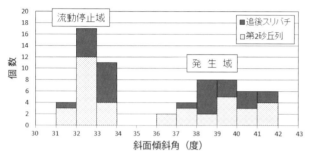

図 4-12　鳥取砂丘における砂簾の発生域と
流動停止域の斜面傾斜分布

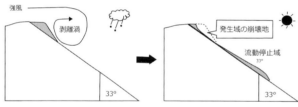

図 4-13　滑落斜面上部において砂簾形成に至る
プロセスを示す模式断面図

面であった（図 4-12）。このことから次のような形成過程が考えられる（図 4-13）。降雨を伴う強風時，砂丘列頂部付近の風下側には剥離渦が形成される。強風で運ばれてきた飛砂は，この剥離渦に捕捉され，湿った砂が水の表面張力により安息角よりも急な斜面をつくる。天気が回復すると，湿った砂が斜面上部から乾きはじめ，安息角より急な斜面で崩壊を生じ，乾燥岩屑流となって滑落斜面を流れ降る。このようなモデルによれば，砂丘列風下側斜面の上部付近に砂簾の発生域が限られることが理解できる。なお乾燥地域においても砂丘列滑落斜面の上部に砂簾が認められる。夜露などで砂が湿ることで同様のプロセスが生じていると思われる。

　室内実験で砂簾の模擬を試みた（図 4-14）。湿らせた風成砂を 33°に傾けた水路に厚さ 4cm で敷き，上部に安息角よりも急な斜面（38°区間）をくさび状に設けた。予備実験ではドライヤーでこの急斜面を乾かした。このとき砂粒は次々と転がり落ち，集団で流れ降る現象は観察されなかった。このことから，鳥取砂丘で砂簾が観察できる条件として，降雨を伴う強風の後，無風に近い状態で砂面が乾くことの重要性を学んだ。

　ヒーターを用いて急な斜面を乾燥させたところ，崩壊した砂が集団で流れ降る砂簾が模擬された（図 4-15）。乾いた砂と湿った斜面のコントラストが鮮やかな小型の砂簾に酷似した。このまま自然乾燥させたところ，砂簾は流下距離が長くなった。鳥取砂丘の大型の砂簾に相当する。これらの実験は，小型と大型の砂簾が発達段階の違いであり，一連のものとして理解できることを示唆する。

　最後に，小型の砂簾で顕著にみられる，均一傾斜（32 ～ 33°）の斜面途中で砂簾が停止し，舌状地形として簾を形成する理由を考えたい。砂簾の部位ごとに生じる砂粒の平面的な分級に着目した。室内実験と野外において，砂簾の部位ごとの中央粒径を調べた結果，崩壊地や砂簾の中央部ではいずれも 0.25 mm 弱を示し，砂簾の側方や先端部では 0.30 ～ 0.35 mm と明らかに粗くなっていた。つまり崩壊した砂の集団は流れ降る過程で，細かい粒子は粒子間間隙をすり抜け下方へ移動し，逆に粗い粒子は上方に，そして先端部へと運ばれる。このことは土石流の流下に伴う粒度偏析

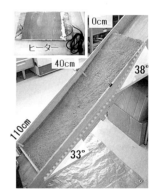

図 4-14　砂簾模擬実験
の初期状態

に類似する。先端部に集積した粗い粒子群は，内部摩擦角の増加を招き，また流動層の底に達した細かい粒子は，湿った斜面に捕捉され，流下するにつれて砂集団の体積が減少する。これらの要因で均一斜面の途中で砂簾が停止すると考える。一方，大型の砂簾は乾いた斜面を流れ降るために，流下に伴い新たな砂の取り込みが発生し，粒度偏析や流動体の体積減少が抑制される。このため，滑落斜面を長く流動し続けると思われる。

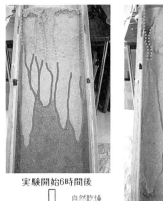

実験開始6時間後

自然乾燥

実験開始20時間後

図 4-15　実験で模擬された 2 種類の砂簾

4-4　クラストと砂柱

　冬から春先にかけて鳥取砂丘では，砂丘表面がかさぶたのようなもので覆われた特異な景観をしばしば目にする（口絵3-1）。夏から秋の台風通過後にもみられることがある。これらはサーフィス・クラスト（surface crust）と呼ばれる現象で，降雨を伴った強風により一晩のうちに形成される。手でつまみ上げることができ，厚さは 1 〜 3 mm ほどあるが，握ると簡単に崩れて砂丘砂との違いがわからなくなる。砂丘砂にシルト以細（0.063 mm 以細）の岩屑が入り込んで，凝集性を高めている。クラストは風上側を向いた面に形成される。風紋の風上側斜面であったり，防風林の幹の根元であったり，ケカモノハシなどの植物の風上側面であったりする。クラストは湿ると焦げ茶色に，乾くと灰色に見え，砂丘砂の黄灰白色〜褐色景観とは明らかに異なる（鳥取砂丘検定公式テキストブック編集委員会，2012）。

　一旦形成されたクラストは，飛砂による侵食が進むと，様々な造形美を生み出す。その代表例が砂柱（さちゅう）（sand tailing）である（口絵 3-2）。通常は高さ 1 cm，長さ 10 cm の三角錐状の侵食微地形で風上面にクラストが形成され，風食抵抗性を持つ。そのために背後の砂が風食を免れ，エアロダイナミックな形を残す。台風通過後の海側斜面では，高さ 20 cm，長さ 2 m の砂柱を観察した。このように巨大化しても高さと長さのアスペクト比が維持されていた点が興味深い。

　さて，砂地におけるクラストに関する従来の研究では，厚さ 0.2 mm ほどの plasmic-layer が報告されている（Valentin，1992 など）。肉眼で確認することは困難なクラストで，砂粒に付着した埃成分が雨水の浸透に伴い洗い流され，砂表面から 5 mm 深ほどのところで目詰まりを起こして形成されるクラストである。他にバイオクラストが報告されている。しかし，鳥取砂丘にみられる悪天候のうちに一晩で形成されるサーフィス・クラストの成因を説明できるものは見当たらない。

　そこで，悪天候の状況を再現する現地実験を試みた。農業用の背負動力散布機のタンクに砂丘砂をつめたが，砂丘砂には確かに埃成分が一杯付着していることが実感できた。散布機からの砂風（サンドブラスト）を砂面に吹き付け，水道水の散水を雨に見立てた（図 4-16）。

　案ずるより産むが易し。実験条件によっては，わずか 10 分ほどでクラストを再現できた（図 4-17）。さらに実験の再現性を確かめると，クラストが短時間で形成されやすい場所と，そうでない場所があることがわかった。それぞれサンドブラストを試した区画の脇で，竹串を刺したところ，前者では竹串の貫入時に抵抗があり，つまり plasmic-layer が形成されており，後者では抵抗が感じられなかった。これらのことよりサーフィス・クラストの形成過程を，次のように考えた。

　降雨の浸透に伴い，砂丘地の多くの場所で plasmic-layer が形成される。強風により plasmic-layer を覆

図 4-16　サンドブラスターと散水による
クラスト形成実験

う砂が取り除かれると，風食抵抗性の若干高い plasmic-layer が地表に現れる。躍動してきた飛砂粒子の表面に付着したシルト以細の細粒岩屑が，plasmic-layer に付着しその厚さを増す。躍動粒子の一部もここに捕捉されることがある。このようにして一晩のうちに厚さ 1 ～ 3 mm ほどのサーフィス・クラストへと成長する。砂粒には凝集性がないものの，シルト以細の細粒岩屑には凝集性・粘着性がある点が重要である。植生が繁茂した砂丘地ではクラストは形成されない。植生により飛砂が抑制される（第 3 章 4 節）ためであろう。

　毎年，春先になると鳥取砂丘周辺で霞がかかることがある。黄砂ではなく，砂丘表面に形成されたクラストが飛砂に伴い破壊され，埃として舞い上がった状況である。クラスト構成物の大半は，中国大陸からの黄砂ではなく，中国山地起源の長石などの風化生成物であることが，ストロンチウム同位体の分析により示唆されている（齋藤有氏，私信）。

図 4-17　10 分間のサンドブラスト実験
で形成されたサーフィス・クラスト

4-5　風成横列シート

　降雨を伴う強風（12 m/s 以上）の後，美しい縞模様景観が砂丘に展開することがある（口絵 3-3）。風成横列シート（Aeolian Transverse Sheets）と名づけられた現象である（小玉・藏増，2010）。縞模様は風向きに対して直交方向（横列方向）にのびる。この模様は「湿った砂からなる暗色帯」と「乾いた砂が堆積した明色帯」の繰り返しで構成される。しばしば砂柱が観察される暗色帯は侵食域で，ここから飛ばされた砂が堆積し，明色帯を形成する。この微地形が誕生するのは，5 ～ 10 分間ほどの短い時間であり，形成当初は波長 10 m 以下の縞模様が現れる。また日射が続くと数時間のうちに縞模様景観は消える。暗色帯の砂が乾燥するためである。

　明色帯の断面形は，風上側に高さ 10 cm 前後の侵食急斜面が形成され，風紋が観察される風下側斜面は，なだらかに下り暗色帯へと漸移する（図 4-18）。このように滑落斜面を持たない砂床形の特徴を表す用語として sheet が用いられた。風上側に形成される峰（クレスト）部分に粗い砂が集積し，鳥取砂丘ではそれらは黒色岩片であり，黒い筋をなす。この黒筋列は明暗の縞模様が消えてもしばらくの間，砂丘に残存し，風成横列シートの痕跡を示す。

　現地観測によると，この砂床形は風速 10 m/s 以上で，1 時間かけて 40 cm 以下の速度で風下側ゆっくりと移動した。風成横列シートが形成される気象条件から考え，降雨により飛砂量が抑制された「貧砂状況下」で出現する砂床形といえる。

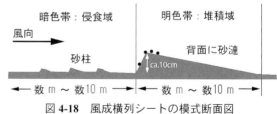

図 4-18　風成横列シートの模式断面図

4-6　砂丘カルメラ

　鳥取砂丘で極めて希にしか観察されない微地形がある。徳田（1937）が学術誌に紹介した「砂丘カルメラ」（図 4-19）で，足跡に起因したモグラ塚状の微地形である。駄菓子のカルメラ焼きに形が似ていること

から命名された。

　凹地であったはずの足跡が凸地となる「地形の逆転」はどのようにして形成されたのであろうか。徳田（1937）は「足跡下部の砂に生じた凍上などの氷結作用により形成された」と推察した。しかし，砂質土壌の凍上量は 1 ～ 2 mm と小さく，カルメラ状の凸地となることは困難である。氷結による風食抵抗性に伴っては，せいぜい足跡が浮かび上がる程度（図 4-20）である。

　2011 年 2 月 11 日，自然公園財団鳥取支部が砂丘カルメラをみつけ写真に記録した。この写真には，砂丘カルメラの下に雪が写されていた（口絵 3-5）。経過観察の話をうかがいながら，砂丘カルメラの新たな形成モデルが浮かび上がった（図 4-21）。

図 4-19　砂丘カルメラ
徳田（1937）

　まず砂丘に雪が積もり，砂丘を散策した人の足跡が雪面に残される。この時，足跡下の雪は加圧されることで，新雪と比べ融けにくくなる（図 4-21，①）。全面を雪で覆われた砂丘においても，強風に伴い砂地が露出する箇所が現れ，飛砂が生じる。飛砂は雪面をうっすらと覆い，足跡凹地には選択的に厚く堆積する（②）。雪面を砂が薄く覆うことで，太陽放射に対するアルベド（反射率）が低下し，融雪速度が速くなる（成瀬，1969；成瀬ほか，1971）。一方，砂が厚く堆積すると，砂層の断熱効果により融雪速度が低下する。このような融雪速度の差を反映して，凹地であった

**図 4-20　浮かび上がる
足跡風景**

足跡が凸地となり地形の逆転が生じる（③）。この時，足跡を埋めた厚い砂が氷結すれば，飛砂に対する風食抵抗性が増す。日中の融解に伴い凸地となった砂層が崩落することで，亀甲状の割れ目が発達し（④），砂丘カルメラが誕生する。

　この仮説を確かめるために，削氷の融解実験でひとつずつプロセスを確認し，さらに 2011 年末の降雪で厚さ 20 cm 以上の雪が積もった鳥取砂丘において，野外実験を実施した（八幡・小玉，2012；小玉，2014）。新雪に足跡をつけ，その中に厚さ 5 cm，3 cm，0.5 cm で砂丘砂を入れて経過を観察した。砂層厚 5 cm の結果を口絵 3-6 に示すが，7 日後には砂丘カルメラに酷似したものが形成された。砂層厚が 3 cm 以下では砂丘カルメラは形成されなかった。また追試実験の際には，砂層厚 5 cm 以上であっても融雪過程の数日間に降雨があると砂が流れてしまい砂丘カルメラは形成されなかった。

　砂丘カルメラは，20 cm 以上の積雪，人の足跡，飛砂による足跡凹地への厚い堆砂，夜間の砂層凍結と日中の消雪融解の繰り返しを生み出す安定した気象条件が数日間続くこと，これらすべての条件がそろって形成される微地形である。したがって極めて希にしか観察されない現象と言える。　　　　　　（小玉芳敬）

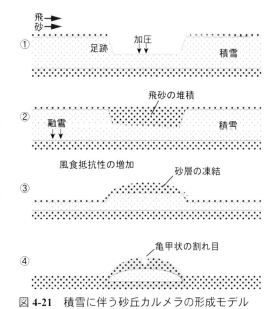

図 4-21　積雪に伴う砂丘カルメラの形成モデル

第5章

鳥取砂丘にみられる砂丘形態の特性

5-1　砂丘形態

　砂丘形態には様々なものが知られており，卓越する風向との関係では図 5-1 のように整理されている。1 方向の風が卓越する環境下では横列砂丘，あるいは孤立砂丘であるバルハンが形成される。両者を分ける要因は，利用できる砂の量である（図 5-2）。つまり横列砂丘地域の縁辺部や岩石砂漠に，しばしばバルハン砂丘が観察される。斜交した 2 方向の風が卓越する環境下では，縦列砂丘が発達する（Rubin and Ikeda, 1990）。縦列砂丘

図 5-1　砂丘形態と卓越風向の関係
McKee, E.D.（1979）を改変。

の中には，数 100 km の長さで砂丘列が続く場合がある。一方，風向きに多様性があると星型砂丘が発達すると考えられている。滑落斜面からなる腕が砂丘中央から放射状に伸び，腕 5 本のヒトデ型，4 本のピラミッド型がある。星型砂丘では，砂が流亡しにくいために比高が高くなり，底径 1 km，高さ 300 m 超に及ぶものが知られている（Cooke *et al*, 1993, 390-391）。アラビア半島のルブアル・ハーリー（Rub'al Khali）砂漠の南東部やアルジェリアの東部に多数分布する。

　植生被覆が適度に関係すると，放物線型砂丘が発達する（図 5-3）。強風により植生が局所的に破壊さ

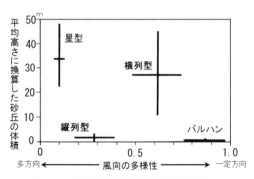

図 5-2　砂丘形成に利用可能な砂の量と
風向の多様性に応じた砂丘形態
Wasson and Hyde（1983）を改変。

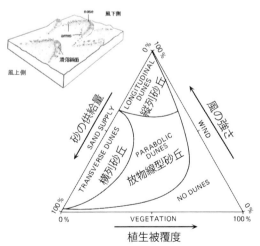

図 5-3　植生被覆と放物型砂丘
Hack（1941）を改変。

れると風食凹地（blowout）が発達し，ここから発生した飛砂が，風下側や両脇に堆積して nose や arms を形成する。バルハン砂丘と逆向きの類似した形態であるが，滑落斜面が馬蹄形の外側に形成される放物線型砂丘と，内側の形成されるバルハンとで，両者は明確に区別される。

5-2　鳥取砂丘の砂丘列配置と古砂丘・新砂丘

　鳥取の浜坂砂丘には，北西の季節風に対して形成された3列の横列砂丘が知られている（口絵4-1）。北西側より第1砂丘列（b-b' が稜線）と第2砂丘列（c-c' が稜線）が海岸線から斜行して南西に伸び，内陸側に第3砂丘列（d-d'）が位置する。第3砂丘列の稜線は，追後スリバチを取り巻き大きく湾曲し，その西側への連続は不明瞭である。これら砂丘列の形態的特徴は，稜線の南東側に傾斜32°ほど（安息角）の滑落斜面があり，北西側（砂丘列の背面）には傾斜7〜10°の風上側斜面が続くことである。ただし海岸線

図 5-4　第 3 砂丘列稜線付近にみられる
火山灰露出地　2013.3.15 撮影

近くでは海側にも一部滑落斜面が認められ，その下位に比較的急な斜面が続くが，これらは南風による砂移動と砂丘列の基部が波の侵食を受けた結果と考えられる。

　多鯰ヶ池の北縁は砂丘の滑落斜面からなり，直線状の斜面が北東側に続き（e-e'），第4砂丘列に相当すると考えられる。しかしこれまで呼称は用いられていない。また千代川河口右岸側（a-a'）には，第0砂丘列と呼ぶにふさわしい比高6mほどの横列砂丘が形成されている（第9章4節）。

　第3砂丘列の稜線部から背面にかけては，所々に火山灰露出地が観察される（図5-4）。土産店裏の火山灰層露頭（口絵4-2）では，黄橙色の大山倉吉軽石層（DKP，5万年前の噴火堆積物）を挟んで，上下に茶褐色のローム層（火山灰質風化土壌）があり，これらローム層の下位には古砂丘砂が，上位には新砂丘砂が観察される。古砂丘は締まっており，露頭は切り立った状態で維持されやすい。砂丘内にみられる下位のローム層からは，三瓶木次軽石（SK，10万年前）や阿蘇4火山灰（Aso 4，9万年前）が確認されており（岡田ほか，1994），古砂丘は最終間氷期以前の形成と推定される。また上位のローム層中には，始良丹沢火山灰（AT，2.8万年前）が挟在し，新砂丘は後氷期の形成と推定される。

5-3　鳥取砂丘にみられる小型砂丘列の成因

　豊島（1975）が指摘しているように，浜坂砂丘の砂丘列には，第1〜3砂丘列の主脈にほぼ直交する支脈が形成されており，格子状のパターンを示す（図5-5）。米軍の空中写真を判読すると，支脈は南西向き斜面が急傾斜で北東向き斜面が緩傾斜を示す。つまり北東の風により第2砂丘列や第3砂丘列の背面に形成された「小型砂丘列群」であることがわかる。

　写真判読により砂丘列パターンの経年変化を調べた結果，主脈の砂丘列は形状の細かい変化はあるものの，常に確認されるのに対して，小型砂丘列は明瞭に見える

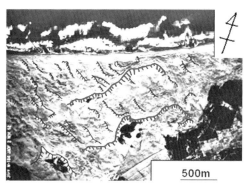

図 5-5　1952 年撮影の空中写真判読による
砂丘列の稜線と滑落斜面の分布

34

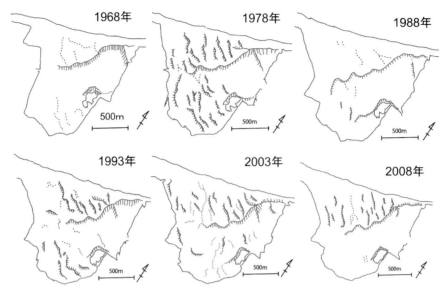

図 5-6　鳥取県立博物館の空中写真により判読した砂丘列の経年変化
中原・小玉（2012）

年（1978 年，1993 年，2003 年）と不明瞭な年があることが明らかになった（図 5-6）。さらに小型砂丘列の多くは南西側に急な斜面を有することや，ほぼ類似した位置に形成されることが明らかとなった。

　2010 年 9 月の台風 12 号の影響で，第 2 砂丘列頂部付近の小型砂丘列が明瞭になった（図 5-7）。つまり北西から南東にのびる南西向き滑落斜面の傾斜変換線がくっきりとした。現地測量の結果，小型砂丘列の波長 75 ～ 145 m，滑落斜面の比高 1.2 ～ 3.6 m であった。小型砂丘列の波長を空中写真から読み取り比較した結果（図 5-8），小型砂丘列が明瞭な年には波長 50 ～ 200 m が卓越し，現地測量の結果と調和的であった。なお，この強風によりオアシス空間に流れ込む小川の川底が最大で 1 m ほど埋もれた。

　2010 年 9 月の台風 12 号はマリアナ諸島，伊豆小笠原諸島，東京沖の太平洋上を北上したが，この期間の湖山観測所（鳥取空港）における風況を調べたところ，3 日半にわたり，平均風速 8 m/sec 以上の北東風が吹き続けた（図 5-9）。湖山観測所における風況観測が始まった 2003 年以降で，3 日ほど連続して北東の強風が吹く事例をみると，2003 年 9 月 19 日～ 22 日に台風 15 号が南西諸島，南海沖，東海沖から太平洋上を進む期間が該当した。このような北東風により，小型砂丘列の地形が明瞭になると考えられる。北東風が吹き続ける原因を探るには，気圧

図 5-7　第 2 砂丘列頂部付近にみられた小型砂
丘列の滑落斜面　2010.10.29

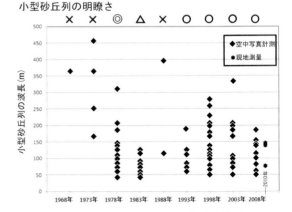

図 5-8　小型砂丘列の波長の経年変化と
2010 年実測値の比較

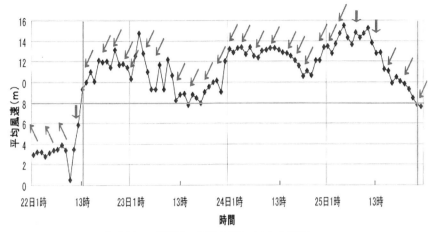

図 5-9　2010 年台風 12 号関連の平均風速・風向の推移
鳥取地方気象台湖山観測所のデータより作成。矢印は風向を示す。

配置などの詳細な検討が残されている。

5-4　追後スリバチ

　砂丘では円弧状に湾曲した急斜面に囲まれた凹地がしばしば観察される。鳥取砂丘ではこのような地形を「スリバチ」と呼んできた。鳥取県（1929, 71-86）によると，浜坂砂丘と福部砂丘には，25 個のスリバチ地形が報告されており，それらの分布が 2 万分の 1 地形図にまとめられている。大縮尺地形図を用いた田渕直人氏の地形計測によれば，湾曲した滑落斜面両端間の幅が 70 m 以上，滑落斜面の比高 5 m 以上，湾入度（湾入の奥行／幅）0.1 以上である地形をスリバチ地形と定義でき，湾入度の小さい（0.1 以上 0.3 未満）弓型と，湾入度が 0.3 以上の馬蹄形型に区別される（小玉，2010）。

　現存する最も顕著な馬蹄形スリバチが，第 3 砂丘列の縁に位置する追後スリバチである（口絵 1-2）。馬蹄形に湾曲したスリバチ斜面の比高は 20 〜 25 m で，滑落斜面に囲まれた凹地の南側にはクロマツが生育した地山（岩盤からなる小山の表面を砂丘砂が 2 m 程覆っている）が存在する（口絵 4-3）。昭和 30 年代に反対側より撮影された写真が図 5-10 であるが，地山にはクロマツが青々と茂り，追後スリバチの稜線より明らかにクロマツ林は上方に突出していた。しかし松枯れに伴う伐採・搬出が 1997 年以降に実施され，2007 年には口絵 4-3 のように地山の高さが追後スリバチの稜線よりやや低い状況になった。つまり追後スリバチ周辺の風況がかわり，スリバチ地形の維持が困難になる可能性が生じた。風洞実験を通して，追後スリバチの成因を考えてみよう。

　大型の風洞実験装置で豊浦標準砂（中央粒径 0.2 mm）を用いて，風速 8 m/s で実施された実験を紹介する。図 5-11 に示すように高さ 8 cm の横列砂丘をつくり，滑落斜面の風下側に地山を模擬したブロックを配置した。このブロックの高さを横列砂丘の稜線よりも高くした場合（A）と低くした場合（B）とで砂丘列の変形を比較した。その結果，地山が高いケースでは馬蹄形のスリバチに酷似した地形が形成された。一方，地山が低いケースでは砂丘列が地山を飲み込み，地山を埋没させる様子を確認で

図 5-10　昭和 30 年代の
追後スリバチの景観
鳥取県提供. 国民宿舎・旧砂丘荘あたりから北東を向いて撮影.

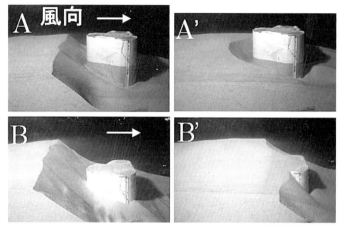

図 5-11　追後スリバチの成因を探る
風洞実験
地山が砂丘列の稜線よりも高い Case
A: 初期条件，A': 実験開始 30 分後
地山が砂丘列の稜線よりも低い Case
B: 初期条件，B': 実験開始 30 分後

きた（図 5-11）。流れ場に障害物が突出すると，その周囲ではしばしば馬蹄形渦（口絵 4-3）が発生する。
滑落斜面が馬蹄形渦の範囲に近づくと，斜面崩壊を繰りかえし，砂丘列は前進できなくなる。崩れ落ち
た砂は馬蹄形渦に沿って地山を迂回しながら風下側へと運ばれていた。これが追後スリバチを永年維持
してきたメカニズムと考えられる。地山が相対的に低くなった追後スリバチでは，馬蹄形渦が発生しな
くなり，砂丘列の前進により地山が飲み込まれる将来像が予想される。現に追後スリバチの東側では砂
丘列が地山に乗り上げ始めた。このように追後スリバチは，存亡の危機にあり，2014 年以降対策がと
られている（口絵 4-4）。20 年後に追後スリバチがどのような景観になっているか，今後も注意深く見
守りたい。

5-5　放物線型砂丘（parabolic dunes）

　植生に関連して形成される砂丘形態の一つに放物線型砂丘がある（図 5-3）。一般的に海岸砂丘や半
乾燥地域の砂丘地で，放物線型砂丘がよく観察され，nose の高さ 10 〜 70 m，植生に覆われた arms を
含んだ全長は 1 〜 2 km のものが多い（Lancaster, 1995, 76-77）。浜坂砂丘に位置する鳥取大学乾燥地研
究センターの敷地内には，nose の高さ 2 m，全長 50 m ほどのミニチュア放物線型砂丘が多数観察され
る（口絵 4-6）。規模が小さいので，変形過程をみるには適している。鳥取県立博物館所有の 5 年おき
の空中写真を判読した（末房ほか，2009）。その結果，1968 〜 1983 年には放物線型砂丘は確認されず，
平滑斜面からなる砂丘地が広がっていた（図 5-12）。1988 年の写真から幅広の放物線型砂丘が 8 ヶ所以
上認められ，それらが 2008 年にかけて 20 個へと数を増やしたことが判明した。つまり乾燥地研究セン
ター敷地内の放物線型砂丘は，1988 年頃から形成された極めて若い地形である。春先から夏，秋にか
けての南からの強風で形成され，その後も変形を続けた。

　鳥取大学砂丘研究所の時代，圃場の法面保護や道路への飛砂防止のため，1952 〜 1968 年にかけてシ
ナダレスズメガヤ（図 7-6c）の植栽が施された。それらの種子が次第に広がり，1988 年頃から局所的
な風食を進行させる適度な植生被覆状態（p.32-33）が出現したと思われる（図 5-12）。

　植生が次第に繁茂傾向を示した 1988 〜 2008 年までの放物線型砂丘の変形を追った（図 5-13）。Nose
の湾曲部の曲率半径が 5 m 以上のものを扁平型，5 m 未満を突出型と区別した。1988 年と 1993 年は扁
平型のみであったのが，植生の被覆率が増加するにつれて 1998 年から突出型へと変化し，分裂派生も
生じた。2003 年に確認された E デューンは当初から突出型であった。このように，植生被覆率が低い

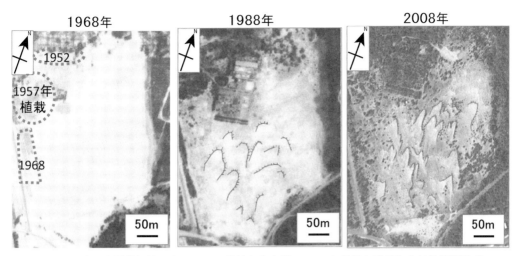

図 5-12　鳥取大学乾燥地研究センター敷地内南東部で 1998 年以降に発達した放物線型砂丘
シナダレスズメガヤの植栽状況は，竹内芳親氏からの聞き取りに基づく。

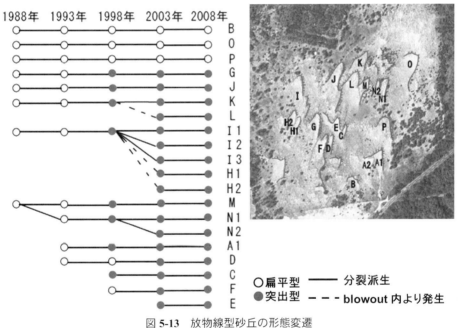

図 5-13　放物線型砂丘の形態変遷

場合には，放物線型砂丘は扁平型を示し，植生被覆率が高い場合には突出型となる。

　風下側への移動が確認できた J デューンの 2 ヶ年の測量結果を口絵 4-6 に示す。V 字型を示す Nose 稜線の位置は 8 年間で約 15 m 風下側に移動した。年平均 1.9 m の流下速度であった。空中写真の年次比較から大きい移動が確認できた I デューンもほぼ同様の速度で，O デューンは年平均 2.5 m の流下速度であった。シナダレスズメガヤはその後も増え続け，2016 年現在，放物線型砂丘はほぼ固定されているようだ。

（小玉芳敬）

第6章

鳥取砂丘のオアシス

6-1　鳥取砂丘の「オアシス」の発生と消滅

　「砂丘」と聞くと，草木はもちろん水がまったくなく，砂漠のような砂だけが広がる光景を思い浮かべる人も多いに違いない。しかし，鳥取砂丘の第2砂丘列，通称「馬の背」の麓には池のような「オアシス」が出現し，その水と砂のコントラストは砂丘を訪れる観光客の目を楽しませている。興味深いことに，このオアシスは年中存在しているわけではなく，1年を通して発生と消滅を繰り返している（口絵1-4）。オアシス発生場所から約100 m離れたところには水がしみ出ている「湧水」があり，少雨年には一時的に途絶えることがあるものの，例年はオアシスの有無に関係なく年中存在する。オアシス発生時，湧水は川を形成しオアシスに流れ込んでいるが，オアシス消滅時には砂に浸透して，尻無川になる。

　鳥取砂丘における「オアシス」は愛称であり，砂漠やステップといった乾燥地域に存在するオアシスとは異なる。これを学術的に分類するならば，「砂丘湖（sand dune lake）」に当てはまると考えられる（Horie，1962）。鳥取砂丘のオアシスのように発生・消滅を繰り返す砂丘湖については，その規模の小ささから地図・地形図上に掲載されないこともあり，国内での報告はされていないものの，陸水的・地学的に非常な希少な存在であると考えられる。

　鳥取砂丘におけるオアシスが如何なるメカニズムで発生・消滅しているか，湧き出る水はどこからやってくるかは，古くからの学術的関心事である。砂丘に降った雨水が地下水となり，一部が泉となって地表に表れるという考え方（赤木，1991）がある一方，星見（2009）はオアシスから南東約1kmにある多鯰ヶ池（口絵1-3）との関係性を示唆している。このようにオアシスの水源と発生・消滅には諸説あるものの，オアシスは国立公園・特別保護地区内に存在するため，これまで十分な水文観測等は行われておらず，明確な答えは得られていなかった。そこで2010年より鳥取大学を中心とした研究グループが，鳥取県砂丘事務所の協力のもと，オアシスの水源や発生・消滅のメカニズムを明らかにするための調査を開始した。本章では，調査に用いられた「水位計による地下水位・オアシス水位観測」，「掘り取りによる地下水位分布調査」，「地中レーダーによる広域地下探査」といった手法を紹介しつつ，これらの調査結果により明らかとなってきたオアシスの水源や発生・消滅のメカニズム，そして砂丘の地下水の広がりについて以下に記す。

6-2　オアシスの発生消滅メカニズム

　オアシスの発生消滅メカニズムを探る上で最も基礎的なデータとなるのは，地下水とオアシスの水位データである。そこで，2010年からオアシス湖底面の地中3ヶ所（A, B, D），オアシス外部の地中2ヶ

所（C，E）に圧力式水位計（Water level logger，HOBO
社製）を設置し，水位観測を行っている（図 6-1）。湖
底面に設置された水位計は，オアシス消滅時には湖底
面の地下水位を測定するが，オアシス発生時にはオア
シスの水位を測定することとなる。本書ではオアシス
の発生を目視などによって確認・判断するのではなく，
地表面標高を基準の「0 m」として湖底面の水位計の値
が正の値となった時をもって「オアシスの発生」と判
断することとした。

　さて，オアシスはそもそも 1 年にどれくらいの頻度
で発生しているのであろうか？　2010 年 10 月〜2015
年 9 月の約 5 年間のオアシス湖底面の水位計のデータ
によれば，オアシスは年間約 200 日存在していること
がわかった。つまりオアシスは 1 年の半数以上で発生
していることとなる。また，春季・夏季
と秋季・冬季では発生パターンが大きく
異なっており，秋季・冬季には約 130 日
間（約 4 ヶ月間）程度連続して形成され
ていることがわかった。以下，このオア
シスの長期形成を「オアシス形成の連続
期」と呼ぶこととする。

　春季・夏季のオアシス発生パターンの
一例として，図 6-2 に 2013 年 9 月におけ
る時間降水量とオアシス水位の変動を示

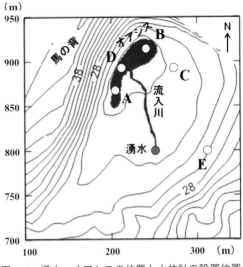

図 6-1　湧水・オアシスの位置と水位計の設置位置

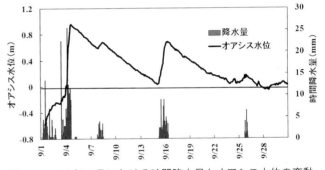

図 6-2　2013 年 9 月における時間降水量とオアシス水位の変動

す。9 月 2 日〜4 日にかけて積算降水量約 200 mm の大規模降水イベントがあった。この降水開始後，
オアシス水位は 1 時間以内で急激に上昇し，降水量のピークの数時間後にはオアシス水位がピークに達
した。また，降水イベントが終了するとすぐにオアシス水位は低下を始め，9 月 8 日の降雨で若干増加
するものの，最大で 1m ほどあった水位は約 10 日でほぼ消滅に至った。同様の傾向は観測期間中の春季・
夏季のすべての大規模降水イベントに共通してみられた。このことから，春季・夏季において大規模降
水後に形成されるオアシスは，降ってまもなくの降水の影響を受けており，降水イベント後，短時間で
発生し，降雨イベントが連続しない限り長期的に形成されることなく消滅していることがわかった。

　一方，秋季・冬季の発生パターンの一例として，2012 年 9 月〜2013 年 5 月の日降水量とオアシス水位，
およびオアシス外の C 地点（図 6-1）で計測された地下水位の変動を図 6-3 に示す。2012 年度のオアシ
ス連続期は 2012 年 11 月 17 日に始まり 2013 年 4 月 12 日に終わったことがわかる。また，秋季から冬
季にかけて地下水位が上昇していき，その後地下水位が長期的に高い状態で維持されることにより，オ
アシス形成の連続期が引き起こされていることがわかる。同様の傾向は 2012 年度以外の連続期におい
ても観測された。また，オアシス外部の C 地点の地下水位は，オアシス連続期の間，常に 0 m 付近に
存在している。このことは，C 地点付近で地下水が地表面に達し，湧出していること意味している。こ

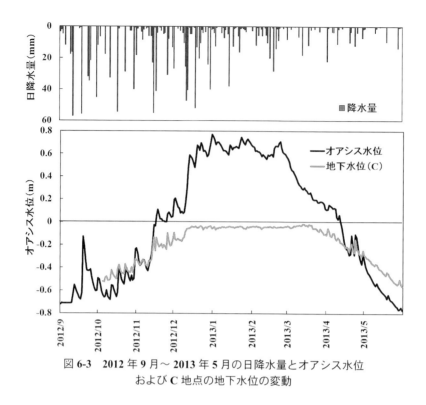

図 6-3　2012 年 9 月～ 2013 年 5 月の日降水量とオアシス水位
および C 地点の地下水位の変動

れまでオアシスの水源は，オアシスの近くに存在し年間で枯れることのない湧水（図 6-1）であると一般的には考えられてきたが，上記の結果より，地下水の上昇に伴い C 地点からも地下水が地表に湧出し，オアシスの形成に寄与していることが明らかとなった。なお，秋季・冬季では雪解け時にオアシスが最大化し，観測期間中で最も深い年では 1.4 m を超えるほどであった。水を通しやすい砂の上にこれだけの水が溜まることは驚きであるが，これは先述の通り，地下水全体が上昇して地表面にまで達しオアシスの水を下支えしているために起こる現象であると考えられる。

6-3　砂丘における地下水の広がり

　砂丘の地下水の変動がオアシスの発生・消滅に重要な役割を果たしていることがわかったが，この地下水は砂丘の下でどのように広がっているのだろうか？　この地下水の広がりを明らかにするため，まず実施されたのが「掘り取り調査」である。この調査は極めて原始的かつ人海戦術的な手法で，多数・広範囲の地点に穴を掘って地下水が染み出して来るのを待ち，地表面からその水面までの深さを計測するというものである。この掘り取り調査の結果の一例として，2012 年 12 月のオアシス周辺の地下水位分布図を基に作成した，地下水の流れ（水面の傾き）を表す図を示す（図 6-4）。これをみると，地下水は基本的に砂丘の南東側から北西側（馬の背側）に向かって流れており，オアシスの水が浸透により消える際には，馬の背の地中に向かって流れ去っていることがわかる。また，線 X に着目すると，地下水の流れは線 X を境界に 2 つにわかれていることがわかる。線 X より西の地下水はオアシスに向かわず，速い流れで北西に向かう。一方，線 X より東の地下水は遅い流れでオアシスに向かう。このような境界ができる要因として線 X 周辺の地中に火山灰層の高まりがあることが考えられ，その火山灰層の高まりが尾根のようになっていることで地下水の流れに分水嶺ができると推測される。同様に線 Y より

東の地下水はオアシスに向かわず直進していることが明らかになった。以上のことから点線 X から Y の範囲の地下水がオアシスの形成に大きく関与していると考えられる。

　掘り取り調査によりオアシス周辺の地下水の広がりと流向が明らかとなったが，さらに上流側の地下水の分布については，地表から地下水までの深さが深く，人力での掘り取りは不可能である。そこで，より広域・深部の地下水を調査するため，2013 年より「地中レーダー（Ground Penetrating Rader：GPR）探査」が導入された。GPR の原理を簡単に説明すると，アンテナから地中に向けて電磁波を放射し，その電磁波が地中の誘電率の変化

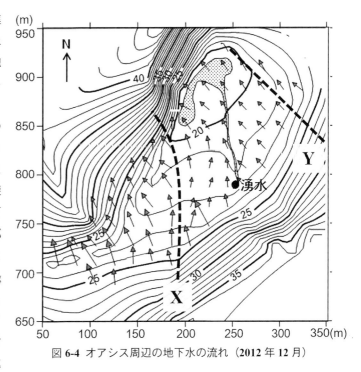

図 6-4　オアシス周辺の地下水の流れ（2012 年 12 月）

する部分（例えば水面）で反射されてアンテナに帰ってくるまでの時間を解析することにより，地下構造を探査するものである（第 9 章 2 節）。本書では 35 MHz の低周波アンテナ（解像度は低いが，より深くまでを探査可能）を用いた際の結果を以下に示す。

　図 6-5 にオアシスから砂丘入口にかけて実施した GPR 探査結果の一例と，そこから判定される地下水面が示されている。図より湧水は地下水面と地表面がぶつかる点で発生していることが明確にみてとれる。また，Z 付近が地下水の分水嶺となっており，Z より南東（図右側）に降った降水はオアシスの形成には関与しないことがわかる。なお GPR 探査では，一部，地下水面の下にある層を捉えることができた。これは以前に行われたボーリング調査結果から，大山倉吉軽石（DKP）を含む火山灰層であると考えられる（岡田ほか，2004）。このように，掘り取り調査や GPR 探査から，図 6-4, 6-5 における X,

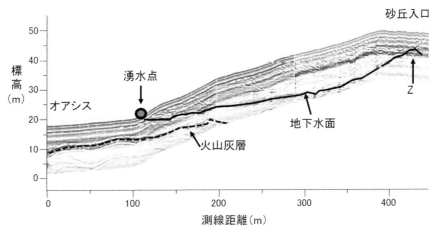

図 6-5　オアシスから南東方向にある砂丘入口にかけて実施した GPR 探査結果

Y，Zに囲まれた範囲の降水・地下水によってオアシスが発生することが明らかとなった。（齊藤忠臣）

6-4　多鯰ヶ池の水位変動

　2010 ～ 2012 年の連続する二冬，鳥取市に大雪が降った。多鯰ヶ池（口絵 1-3）では春先，湖畔に水があふれ道の一部が冠水した。これをきっかけにして，多鯰ヶ池の水位観測を開始した。砂丘の南端に位置する多鯰ヶ池は，まさに砂丘南端の地下水面が表出したものであり，砂丘の地下水を探る基礎的データとして欠かせない。

　多鯰ヶ池の南東岸において，湖畔から 5 ～ 7 m 沖の湖底に，防護ケールに入れた水圧・水温ロガー（HOBO 社製水深 9 m 対応の U20-001-01Tl）を投入した。大気圧補正用には水深 4 m 対応の U20-001-04 を用いた。データ取得間隔は 30 分であった。水位を標高に換算するために，鳥取大学工学部の松原雄平教授の研究室が，2010 年 9 月に実施した GPS 測量時のベンチマーク（35º 32' 10.05" N, 134º 14' 24.73" E）

標高 19.70 m を利用した。2012 年 3 月 22 日に水位観測を開始した際には，すでに道路の冠水はひいていたが，水位痕跡を計測したところ，当時の水面より 30 cm ほど高い位置にあった。

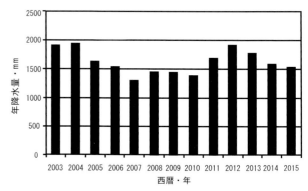

図 6-6　湖山観測所における年降水量の経年変化

　観測期間は 2012 年 3 月 22 日 ～ 2015 年 5 月 28 日であった。気象庁湖山観測所における降水量データ（図 6-6）によると，年降水量は 1,300 ～ 2,000 mm の間で，数年周期で緩やかに変動しており，観測期間の 2012 ～ 2015 年は，年降水量が減少傾向のステージであった。

　図 6-7 に水位の経年変化をまとめた。星見（2012）の指摘にもあるように，多鯰ヶ池の年間の水位変動は 2 m を超える。大局的にみると，冬季から春季は水位が高く，8 ～ 9 月に向けて徐々に水位が低下する。早い年には 9 月から，遅い年には 12 月から水位が上昇して冬には回復する。湖山観測所の日降水量と見比べると，数日間で 50 mm

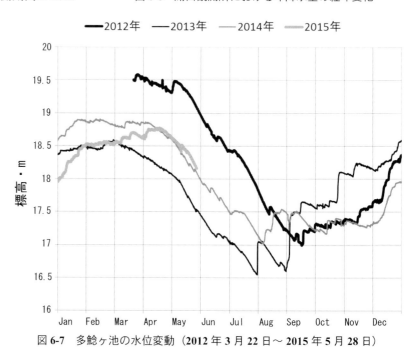

図 6-7　多鯰ヶ池の水位変動（2012 年 3 月 22 日 ～ 2015 年 5 月 28 日）

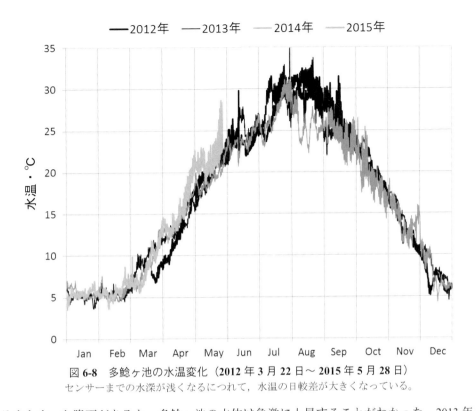

図 6-8　多鯰ヶ池の水温変化（2012 年 3 月 22 日〜2015 年 5 月 28 日）
センサーまでの水深が浅くなるにつれて，水温の日較差が大きくなっている。

を超えるまとまった降雨があると，多鯰ヶ池の水位は急激に上昇することがわかった。2013 年 7/31 〜 8/1 の大雨（190 mm）で 50 cm，9/4 〜 6 の 265 mm で 80 cm ほど，9/15 〜 16 の 65 mm で 20 cm ほど，10/23 〜 26 の 180 mm で 50 cm ほど，11/10 〜 12 の 80 mm で 25 cm ほど水位上昇した。2014 年には，夏にも水位の上昇が認められるが，8/6 〜 9：150 mm，8/15 〜 18：115 mm，8/24 〜 25：50 mm の降雨にそれぞれ対応したものであった。一方，2012 年 6/8 〜 9 の 40 mm 降雨に対しての水位上昇はごくわずかであった。

　水位変動と比べ，水温の季節変動の年々変化はほとんど認められない（図 6-8）。毎年ほぼ同じような季節変化を繰り返している。1 〜 2 月は 5℃ ほどで安定しており，そこから 7 月末の梅雨明けにかけて 30℃ 超まで上昇する。途中 6 月中旬からの梅雨時期には 25℃ 前後でやや停滞するものの，梅雨あけとともに 30℃ 超となる。そして 8 月末〜年末にかけて直線的に水温低下が生じ，正月過ぎから 5℃ で安定する。水温に関しては，ロガーを覆う水深の影響も，日較差に明らかに現われており，さらなる検討が必要である。

　多鯰ヶ池の最深部の標高は，現海水準に近い。つまり最大水深は 19 m ほどになる。水温環境の深度別・季節変化やそれに伴い生じる多鯰ヶ池における水の対流現象など，物理的環境だけでもまだまだ未知の世界が広がっている。

（小玉芳敬）

第7章

鳥取砂丘にみられる生態系

7-1　海浜生態系の特徴

　陸上では森林であれ草原であれ，その生態系内でのエネルギー流のスタートは生産者である植物が光合成でつくる炭水化物である。しかし，海からの塩分飛沫と強風と飛砂にさらされ（多くの植物にとって，これらはいずれも有害），水と窒素・リン酸塩などの確保もままならない海浜で，植物が安定して大きな群落を維持することは難しい。植物がまばらにしか生えない海岸砂丘では，大きな生産力が期待できないので，そこに棲む動物群集も貧弱で，かつ，どの種もあまり多くの個体数を維持できないのではないかと予想される。しかし，鳥取砂丘の後浜上部や後浜から1段あがった平坦な砂丘地にはイソコモリグモの巣穴が一定数みられる。また，内陸側に向かうとアリジゴクの仲間であるハマベウスバカゲロウやクロコウスバカゲロウの巣穴，それにカワラハンミョウの幼虫の巣穴を数多くみることができる。また，巣穴はつくらないが，オオウスバカゲロウやコカスリウスバカゲロウの幼虫も少なくない数の個体が砂中に潜んでいる。これらはいずれも捕食者（第二次消費者）であるが，高い生産力を期待できない海岸砂丘に，なぜ，これほど多くの捕食性節足動物が生息できるのであろうか。

　2000年3月，カルフォルニア湾での調査中に嵐にあい，来訪中だった3人の著名な日本人生態学者たちとともに遭難して亡くなったGary Polis博士（1946～2000）はもともと砂漠に多く生息するサソリ研究の専門家だったが，砂漠のような植生の乏しい（つまり生産力が低い）環境でサソリのような大型の捕食者の生息がなぜ維持できるのかという問題の解明に挑んだ。そして大規模な野外調査により，海に面するアフリカのナミブ砂漠やメキシコのカリフォルニア湾に面する海岸砂丘では，海岸に打ち上げられる海藻や魚介類・海棲哺乳類の遺体や海鳥の糞（グアノ）などのデトライタスが，海岸砂丘生態系の栄養源として極めて重要であることを示した（Polis & Hurd 1996; Polis et al., 2004）。デトラ

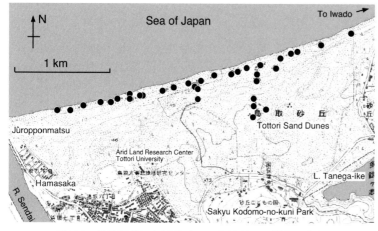

図 7-1　鳥取砂丘におけるイソコモリグモの巣穴の分布
調査は2005年。巣穴は内陸側にもみられるが，
海岸沿いで最も密度が高い。Suzuki *et al.*（2006）

イタスを出発点とする食物連鎖は腐食連鎖（detritus food chain）と呼ばれるが，日本各地の海浜でも海浜性の昆虫群集の維持に打ち上げ海藻が果たす役割は極めて大きい。例えば，石川県羽咋郡志賀町甘田海岸では海浜性ハンミョウであるイカリモンハンミョウは，打ち上げ海藻（一次資源）を餌として増えている甲殻類端脚目のハマトビムシ類（腐食者）の幼体を主食としていることがわかっている（佐藤ら，2005）。鳥取砂丘でもイソコモリグモの巣穴は海岸の後浜に接する段丘沿いに集中しており（図 7-1），イソコモリグモがハマトビムシ類や打ち上げ海藻起源の腐食性昆虫（甲虫やハエ類）に依存していることが窺われる。このような汀線での打ち上げ海藻からのエネルギー流としては，南アフリカの Western Cape 地方では 60,000 g C/m/ 年という非常に大きな測定値が報告されている（McLachlan & Brown, 2006）。

このような，他所（この場合は海洋）で生産された有機物が別の生態系に流れて，そこでその生態系の栄養源となることを，他生的流入（allochtonous input）と呼ぶが，鳥取砂丘では，海洋起源の有機物に加えて，鳥取砂丘の陸側を取り囲む森林（クロマツが主体）からの流入も重要と考えられる。それを示唆するように，アリジゴク類の巣穴は，周囲の砂防林の林縁部に集中している（図 7-2）。カワラハンミョウの幼虫の巣穴は林縁にかぎらず海浜植物が群落を形成している周辺であれば鳥取砂丘の全域に広がっているが，巣穴の密度が高いのは林縁近くにあるハマゴウやコウボウムギの群落の周辺である（図 7-3）。夏の夜間に鳥取砂丘の林縁付近を歩くと，砂防林から這い出てきて地表を歩き回る小昆虫の多さに驚かされる。林縁にもっとも近い位置に巣穴を形成するアリジゴクはクロコウスバカゲロウであるが，ウスバカゲロウ科の他種がふ化後成虫になるまでにふつう 2 年を要するのに対して，本種は 1 年で成虫となる（Matsura et al., 1991；鶴崎ら，未発表）。これは林縁がもっと

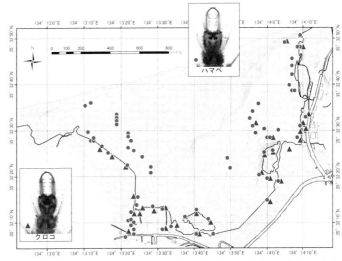

図 7-2　鳥取砂丘における 2 種の巣穴形成型アリジゴクの巣穴の分布
調査は 2007 年。「クロコ」の巣穴は林縁（実線）に限定されるが，「ハマベ」の巣穴はより海側に位置する。鶴崎ら，未発表

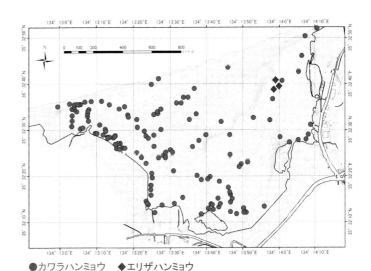

●カワラハンミョウ　◆エリザハンミョウ
図 7-3　鳥取砂丘における 2 種のハンミョウの巣穴の分布
調査は 2013 年。巣穴分布はカワラハンミョウがほぼ全域（林縁沿いの海浜植物群落周辺で高密度）に対し，エリザハンミョウは「オアシス」周辺のみ。実線は林縁。鶴崎ら（2015）

も多くの餌昆虫と出会える場所であるためと考えられる。アリジゴク類では砂防林は，成虫の採餌・休息場所としても重要のようで，鳥取砂丘では砂防林から離れた砂丘の中央部では海浜植物群落があってもアリジゴクの巣穴はほとんどみつからない。また，砂防林を欠き，国道 9 号線が直接に砂浜に接している鳥取市の浜村海岸でもアリジゴクの巣穴はみつからない（江澤・鶴崎，2015）。

　砂丘地内には，砂防林からクロマツの球果（松ぼっくり）や枯れ枝も流入する。これらのデトライタスはトビムシ類やササラダニ類などの腐食者の餌資源となる。鳥取砂丘では 31 種のトビムシと 32 種のササラダニが記録されているが（一澤，2012），これらの腐食者がハンミョウやアリジゴクなどの捕食性昆虫の餌としてどの程度利用されているかはいまのところ不明である。

　鳥取砂丘では，後浜沿いと林縁沿いのほかに，もう 1 ヶ所，砂丘内の他の場所と比べて動物群集が豊かな場所がある。それは通称オアシスの周辺である。ここに常時流れる尻無川の小流に沿うシルト混じりの砂地の裸地にはエリザハンミョウ（口絵 6-1c）の巣穴が数多くみられ（かつてはハラビロハンミョウ口絵 6-1b もみられた），コウボウシバが優占する草地にはトノサマバッタやヤマトマダラバッタなどの直翅目昆虫が比較的多い。尻無川末端のプールは夏には消失するが，それまでの間，ゲンゴロウ類，ガムシ類，アメンボ類などの水生昆虫が一時的に多数発生することがある。これらの昆虫は飛翔力が強く，その多くは砂丘外からの飛来と思われるが，ここで 1 世代を完遂するものもいる。プールが消失すると多くは砂丘外へ逃れると考えられるが，それまでに羽化にいたらなかった幼虫は死亡して腐食性昆虫の餌資源となることが予想される。これも一種の他生的流入であろう。

　以上，イソコモリグモ，アリジゴク類，ハンミョウ類などの鳥取砂丘で目立つ大型捕食者の集団の維持に他生的流入が重要と述べてきたが，砂丘の動物群集の維持に砂丘に生える海浜植物がまったく寄与しないわけではない。トノサマバッタやヤマトマダラバッタはコウボウムギ，コウボウシバ（以上はカヤツリグサ科），ケカモノハシ（イネ科）などの単子葉植物の葉を囓る植食者（第一次消費者）である。しかし，これらの大型の植食性昆虫が，イソコモリグモ，アリジゴク，ハンミョウ類などの第二次消費者の餌として利用されることは，ごく初齢の幼虫期を除き少ないと思われる。他には，ハマヒルガオなどの海浜植物を食べるスナムグリヒョウタンゾウムシ（成虫は花弁や葉を食害）やアメリカネナシカズラに幼虫が虫こぶ（ネナシカズラコブフシ）をつくるマダラケシツブゾウムシが植食者であるが，砂丘に生える海浜植物で鱗翅目（チョウ，ガ）やハバチ類の幼虫に食害を受けているものをみることはほとんどない。強風や飛砂，夏季の地表近くの高温は，これらのイモムシ型幼虫にとってもストレスとなるためかもしれない。また，砂丘でよくみられる植物のうち C_4 植物（次節を参照）であるケカモノハシとチガヤは葉の窒素含量が少なく（藤井，1995），植食性昆虫には魅力的な資源ではなさそうである。

　しかし，海浜植物のうち虫媒花（イネ科とカヤツリグサ科以外の海浜植物はほとんどがこれ）は，吸蜜源としては重要で，砂丘に生息する多くの訪花性昆虫の生活を支えている。島根県の大社砂丘でなされた調査（皆木ら，2000）によると，訪花昆虫は 5 目で，個体数が多い順に膜翅目（ハチ類），双翅目（ハエ類），鞘翅目（甲虫），鱗翅目（チョウ・ガ），半翅目（カメムシ）であった。このうち圧倒的に多いのは，膜翅目で，その中でとくに個体数がめだって多かった 4 種は，多い順に，ヒメハラナガツチバチ，ノウメンムカシハナバチ，オオモンツチバチ，シモフリチビコハナバチであった。このうち，ヒメハラナガツチバチとオオモンツチバチは鳥取砂丘でも最もふつうにみられるハチである。訪花昆虫に膜翅目が多いのは鳥取砂丘でよくみられるハマニガナ，ハマヒルガオ，ハマボウフウ，アメリカネナシカズラ，ネコノシタ，ハマゴウのいずれの植物種でも同じで，これらはすべて事実上，ハチ媒花である。8 月に鳥

取砂丘の中央部のハマゴウ群落でなされた調査ではハマゴウ（シソ科）の花には 21 種の膜翅目昆虫（膜翅目以外の昆虫はゼロ）が訪れていた（宮永ら，2014）。このうち圧倒的に多かったのは海浜環境ではハマゴウを専門に訪花するキヌゲハキリバチで，ハマゴウにとっても本種が最重要の花粉媒介者であることが示唆されている。

（鶴崎展巨）

7-2　鳥取砂丘の植物

　日本列島は温暖で降水量も多く，例えば鳥取砂丘では年降水量が 1,900 mm を超える。潜在的には多くの植物が生育する可能性があるが，砂が活発に動く砂丘では，砂の移動による物理的かく乱や，保水力の低さ，貧栄養といった悪条件のため，これらへの耐性を持った植物を中心にユニークな生態系が形成される。

　海岸砂丘では汀線から内陸に向かって海の影響が小さくなる。耐塩性や生活史など種特性の違いを反映して，汀線からの距離に応じて植物群落の構成種は移り変わり，これを海浜植生の成帯構造（zonation，帯状構造）と呼ぶ（図 7-4）。海浜の成帯構造は，地理的な環境や，波浪，卓越風，火山などの地域的特性を反映して地域ごとに違いが生じる（中西・福本，1991）ものの，基本の構造は，打ち上げ帯，草本帯，低木帯，高木帯からなる。汀線に最も近く，波の影響を直接受ける無植生の前浜に続いて，例外的な波におおわれるのみの後浜部分が打ち上げ帯であり，様々な漂流物とともに打ち上がった植物種子を中心に構成される一年生の群落ができる。後浜の陸側には砂丘が形成され，小型・中型の多年草群落によって構成される草本帯となる。さらに内陸側では低木帯（低木群落）から高木帯へと移行する。自然条件下にある海岸沿いの砂丘地では，環境傾度に応じて構成種が細かく移り変わるさまが観察できる。

　鳥取砂丘付近では，打ち上げ群落後方の草本帯に，海側からコウボウムギ，ネコノシタ（ハマグルマ），ハマゴウ，ケカモノハシ，カワラヨモギと移り変わる群落が観察される。しかしそのような自然状態にある海岸砂丘が残されている場所は全国的に希少である。砂浜が残されている「自然海岸」であっても，海岸侵食による砂浜幅の減少や，内陸側からの土地利用と海岸に迫る防潮堤，静砂垣などの人工構造物により，海岸植物の生育地（habitat）はほぼ消滅しており，外来植物の侵入・定着とあいまって海浜の成帯構造が残る場所は少ない。比較的よい条件の場所でも，打ち上げ帯と草本帯のごく一部が残っているのみの場所がほとんどである。

1）代表的な海岸植物（砂丘植物）とその特徴
　日本列島には 7000 種類以上の維管束植物が自生する。鳥取砂丘（国指定天然記念物「鳥取砂丘」の

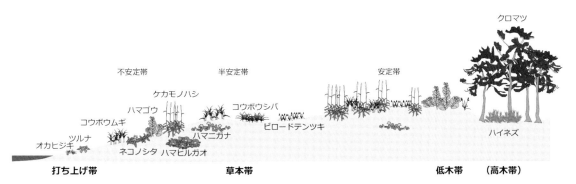

図 7-4　海浜の成帯構造の模式図（鳥取砂丘付近）
高木帯にあたる部分はクロマツ植林に置き換わっている。

砂丘地全域約 140 ha）で 2014 年に行った植物相調査では，132 種の維管束植物が記録された。日本国内の砂浜や砂丘，塩湿地，河口部，海崖，岩場，礫浜など海と陸の境界部にのみ生育し，内陸部での分布はほとんどみられない「海岸植物」は 280 種とされている（澤田ら，2007）。天然記念物鳥取砂丘内に出現する 132 種のうち在来植物は 95 種で，このうち海岸植物に該当するのは 20 種である。鳥取砂丘では，これらを「砂丘植物」と言い習わしてきた。

　海浜の汀線に最も近い後浜の「打ち上げ群落」は，春から夏にかけて繁茂する。国内の砂浜打ち上げ群落では，北日本ではシカギクやハマアカザ，オカヒジキ，南日本ではツルナ，オカヒジキ，アキノミチヤナギ，マツナなどが主要な構成種とされる（中西，2005）。鳥取砂丘では，ツルナ，オカヒジキ，グンバイヒルガオが打ち上げ群落の植物として代表的である。これらは，汀線にごく近い後浜部分のみにみられる。いずれも海流によって種子が散布される植物で，東アジアから太平洋沿岸の国々の海岸に広く分布する。ツルナ（ハマミズナ科，APGIII 分類体系，以下同じ）は，耐塩性の高い塩生植物で全体肉厚である。葉の表皮細胞が突出して粒状に並び，表面がざらつく。日本海側でも小さな砂浜や防波堤のちょっとした隙間などに茎が枝分かれしてつる状にはう様子がみられるが，分布の中心は太平洋側の暖地で，鳥取砂丘では漂着物が溜まった場所でわずかにみられる程度である。オカヒジキ（ヒユ科）は植物体内のナトリウム含量が高く，高い耐塩性を持った植物である。茎は下部から多数枝分かれして砂地をはい，葉は線状で他肉質，先は尖ってかたい。ツルナ，オカヒジキとも食用とされることがあり，特にオカヒジキは栽培される地域もある。グンバイヒルガオ（ヒルガオ科）は，個体の生活史が完結する本来の意味では，四国・九州以南の暖地海岸に分布が限られる。山陰沿岸では流れ着いた種子が毎年のように芽を出すのがみられるが，開花まで至ることはほとんどなく，冬の寒さのため結実できず越冬ができない（中西，2011）。昨今の気候変動（温暖化）により，グンバイヒルガオの越冬限界地が現在よりも北上する可能性があり，今後の変化に注目したい。打ち上げ群落の消長は後浜の安定性に強く依存しており，高潮によるかく乱などに影響を受ける。出現種やその量には，年変動が大きい。

　天然記念物鳥取砂丘では，上述以外の砂丘植物が後浜の陸地側に形成された砂丘に分布する。コウボウムギ，ケカモノハシ，ハイネズ，オニシバ，コウボウシバ，ハマアオスゲ，ビロードテンツキ，ハマヒルガオ，スナビキソウ，ウンラン，ハマゴウ，ネコノシタ，ハマニガナ，ハマベノギク，ハマボウフウ，イソスミレ，ハマダイコンの 17 種がそれである。これを近隣の海浜と比較すると，例えば直線距離で西に 80 km ほど離れた弓ヶ浜半島外浜（米子市，境港市）約 20 km 区間の自然海浜および離岸堤海浜では，計 27 種の砂丘植物が確認されている（楠瀬・石川，2014）。自然海浜だけに限定すれば，弓ヶ浜に出現する砂丘植物は 20 種で，種数は鳥取砂丘と同水準となる。出現種には違いがあり，天然記念物鳥取砂丘に出現しない種として，ハマニンニク（テンキグサ），ハマナス，アキノミチヤナギ，ハマハタザオ，ハマエンドウ，タイトゴメ，アナマスミレがあげられる。このうち，ハマニンニク，ハマナス，アキノミチヤナギ，ハマハタザオ，ハマエンドウ，タイトゴメは，天然記念物指定範囲には記録がないが，広義の鳥取砂丘（末恒，湖山，浜坂，福部の各砂丘）では確認され，アナマスミレも鳥取県東部の海岸には出現する場所がある。これら海岸植物の出現には，岩崖地など立地の多様性や，砂丘の植生管理など歴史的経緯などがかかわっていると考えられる。逆に弓ヶ浜には出現せず鳥取砂丘にのみ出現する種もあるが，ともあれ天然記念物鳥取砂丘の砂丘植物の種多様性は，ほかの海浜砂丘と比べて際だって高いとはいえない。

　鳥取砂丘内に出現する砂丘植物の中で最優占しているのは，コウボウムギとケカモノハシである（表 7-1，7-2）。この構造は少なくとも過去数十年は変わっていない。コウボウムギ（カヤツリグサ科）は

表7-1　鳥取砂丘における植物群落の面積（優占種分類，2006年）

優　占　種	海岸植物	群落面積と割合		残存率（％）	備　　考
		ha	（％）		
コウボウムギ	*	11.5	（8.8）	79	
ケカモノハシ	*	8.2	（6.3）	80	
オオフタバムグラ		6.4	（4.9）	0	除草対象
ビロードテンツキ	*	3.5	（2.7）	33	機械除草で減
コウボウシバ	*	3.4	（2.6）	68	
メヒシバ		2.5	（1.9）	0	除草対象
ハマゴウ	*	2.0	（1.5）	98	
ハマニガナ	*	1.2	（1.0）	56	機械除草で減
ハマヒルガオ	*	1.1	（0.8）	64	機械除草で減
オニシバ	*	0.9	（0.7）	90	
ネコノシタ	*	0.8	（0.6）	100	
チガヤ		0.1	（0.0）	95	刈払い効果小
ハタガヤ		0.0	（0.0）	0	
カワラヨモギ		0.0	（0.0）	0	
スナビキソウ	*	0.0	（0.0）	100	
総計		41.5	（31.9）	58	
調査面積		130.3			一部砂丘地除外

海岸植物（海岸以外にほとんど出現しない種）は，澤田ら（2007）に基づく。群落面積は夏季除草直前の値。割合は調査面積（砂丘地）に対する百分率。残存率は夏季除草前（8月）に対して，除草後（10月）に残った群落の面積割合。表では被覆率が考慮されていないことに注意，除草されるのは主に低植被の部分。

表7-2 鳥取砂丘の植生調査における主要植物の出現頻度（2006年8月）

和　　名	海岸植物	出現回数	出現率（％）
ケカモノハシ	*	548	（38.0）
コウボウムギ	*	455	（31.5）
ビロードテンツキ	*	362	（25.1）
ハマニガナ	*	311	（21.6）
メヒシバ		214	（14.8）
コウボウシバ	*	209	（14.5）
ハマゴウ	*	207	（14.3）
オオフタバムグラ		206	（14.3）
ハマヒルガオ	*	179	（12.4）
オニシバ	*	157	（10.9）
ネコノシタ	*	77	（5.3）
チガヤ		43	（3.0）
アメリカネナシカズラ		42	（2.9）
ハタガヤ		26	（1.8）
コマツヨイグサ		18	（1.2）
ウンラン	*	13	（0.9）
ハマボウフウ	*	5	（0.3）
アレチマツヨイグサ		4	（0.3）
ヨモギ		3	（0.2）
スナビキソウ	*	1	（0.1）
シナダレスズメガヤ		1	（0.1）
調査区数		1,443	

出現率は，1,443の調査区に対する出現割合（百分率）。計963の植物群落（表7-1）に，最低1つ以上の1×1m調査区を設置した。

太い根茎を砂中に長く伸ばして個体を広げ，節から地上茎を伸ばす。雌雄異株のコウボウムギはこのため，局所的に雄花序のみのパッチ，雌花序のみのパッチに分かれがちとなる（口絵5-3a, b）。観察すると，まれに小穂内で上下に雄雌が同居している両性の小穂もみられる。コウボウムギは，鳥取砂丘に生育する植物の中では，砂の動きの激しい場所にも分布する傾向がある。

　ケカモノハシ（イネ科）は，湿地に生育するカモノハシにそっくりだが，全体にやや太く，茎，葉，葉鞘，小穂にまで細かい毛が密に生えている点が異なる。これは海岸砂丘地の乾燥と潮風，飛砂への対応と考えられている。夏に茎頂につく花序は1つの丸い穂にみえるが（口絵5-3c），実際には2つの穂がぴったりとくっついた形状で，和名の由来となっている。根はひげ根形状で，堅く丈夫だが細い根を多数つける（口絵5-3d）。根系は深くはないが，節からも発根して密な株を形成してしっかりと砂をつかむ。ケカモノハシはC_4光合成系を持つ種（C_4植物）である（吉村，2015）。地球上の90％以上の植物は，炭酸固定のカルビン・ベンソン回路（C_3回路）のみを持つC_3植物だが，C_4植物はこれに加えてCO_2濃縮回路（C_4回路）を持つ。C_4植物であるケカモノハシは，コウボウムギやハマヒルガオなどのC_3植物に比べて，光合成における水や無機養分の利用効率が高く最適温度も高く，強光をうまく利用できる（藤井，1995）とされる。ケカモノハシの根系が浅いのも，C_4植物の水分要求特性との関係が考えられ，砂丘地でのC_3植物との共存は興味深い。鳥取砂丘の植物では，他にオニシバ，チガヤ，メヒシバ，シナダレスズメガヤ，ハマエノコロ，ハタガヤなどがC_4植物として知られている（吉村，2015）。

　ハマヒルガオ（ヒルガオ科）は，日本全国の海岸はもとより，アジア，アメリカ西海岸，オーストラリアなど太平洋沿いの海岸一帯に広く分布する種である。砂表面に茎を伸ばして群落を広げ，ピンク色

図 7-5　鳥取砂丘にみられる砂丘植物（口絵 5 も参照のこと）

a：ハマゴウ；砂表面に枝を伸ばして個体を広げる。b：ハマニガナ；砂の上にいち早く生育する。いずれも鳥取砂丘内。

で大きな漏斗型の花をつけ（口絵 5-3e），各地の海岸で親しまれ注目度が高い。ハマヒルガオの環境適応性は広く，砂を導入した規模の小さい人工海浜や，砂丘地が宅地化された場所の道路路肩などの微小立地にも生育をみるが，鳥取砂丘でみられるような大規模な群落は希少である。

　ハマゴウ（シソ科）は，天然記念物鳥取砂丘の砂地内では唯一の木本で，秋に落葉する。分布は広く，本州北部から九州，四国，沖縄，東南アジア，オーストラリアにまで分布し，暖地では半常緑となる。ネコノシタ（キク科）とともに「西南日本型」の海岸砂丘植生を代表する砂丘植物である。本州北部より北の海岸では，これらの種に代わって「北日本型」のハマニンニク（イネ科）やハマナス（バラ科）に代表される植生となる。ハマゴウは，ほんの枝先だけが砂上にみえていることが多く，枝が砂の中を長くはって，成長とともに大きなパッチを形成する（図 7-5a）。枝は柔軟性に富み，長く伸びた枝が抵抗となって砂を止め，砂の丘をつくる。鳥取砂丘内での分布は広く，後浜すぐ後方の砂丘列前面と，内陸側の砂防林に近い第 3 砂丘列付近に特に多い。夏に唇形で青紫色の花をつけ，ハナバチ類が訪花するのが観察される。ネコノシタは，葉が厚く剛毛があって全面がざらつくのが特徴である。鳥取砂丘の砂丘植物の中では分布範囲が最も限定されており，砂丘の中でも第 2 砂丘列より海側のみにみられる。

　ハマニガナ（キク科）は白い地下茎が砂の中を長くはい，葉と花の部分だけを砂の上に展開する。地下茎や根はちぎれやすいが，一つ一つの断片からの再生能力が高く，立地の不安定な砂地への適応と考えられる。鳥取砂丘内ではほかの植物が生えていない砂地に真っ先に定着するすがたがみられ（図 7-5b），除草や踏みつけなどのかく乱にも強い傾向がある。分布は寒帯から熱帯まで幅広い。コウボウシバ（カヤツリグサ科）は，海岸砂丘の普通種で，太い地下茎を伸ばして群落を広げる。東アジアからオーストラリアにかけて広域に分布する。鳥取砂丘では，馬の背（第 2 砂丘列）背後のオアシス（丘間低地）底部の湿り気が多い部分に密に生え（口絵 5-3f），遠目に緑の絨毯のようにみえる。鳥取砂丘では，花や実のない時期にはハマアオスゲ（カヤツリグサ科）との区別が難しい。ビロードテンツキ（カヤツリグサ科）は関東北陸以西の海岸に分布し，鳥取県内では普通種だが，県レベルでは絶滅危惧種に指定している他府県は多い。根茎は太く短く地表をはい，葉・茎にはビロード状の毛が密生する。砂丘地内で砂の動きが少なくやや安定した立地に多い。鳥取砂丘では 1980 年代にはビロードテンツキを中心とした草本類が広く砂丘地を覆って景観が変化してしまったため，現在は植生管理によりビロードテンツキは少なめに管理されている（表 7-1，第 8 章参照）。

2）希少な植物と外来植物

　ハマボウフウ（セリ科），ウンラン（オオバコ科）は鳥取砂丘内で一時少なくなったが，現在は増加傾向である。ウンランは瀬戸内海沿岸では希少化しており，生育が確認されている海岸は数えるほどしかない。鳥取砂丘内に生育するレッドリスト種はスナビキソウ（ムラサキ科，鳥取県準絶滅危惧），ハマベノギク（キク科，鳥取県準絶滅危惧），イソスミレ（スミレ科，環境省絶滅危惧Ⅱ類）である。スナビキソウは，ユーラシア大陸の海岸に広く分布し，耐塩性が強い植物として知られている。鳥取砂丘でも汀線に近い砂丘前面に生育するが，数は少ない（表 7-2）。ハマベノギクは北陸以西の日本海側に分布する種で，山陰が分布の中心であるが，県内全般に生育地は多くない。ハマダイコン（アブラナ科）はもともとの自生植物ではないが，現在では日本全土の海岸砂地に生育する。栽培ダイコンが野生化したもの，あるいは古い時代に大陸から導入された野生ダイコンに由来する植物であり，鳥取砂丘内にも少数がみられる。

　2014 年の調査では記録されなかったものの，天然記念物鳥取砂丘内に生育の可能性がある砂丘植物としてハマウツボとハマニンニクがあげられる。ハマウツボ（ハマウツボ科，図 7-6a）はカワラヨモギ（キク科）の根に食い込んで養分を吸収し生活する寄生性の一年草である。葉緑体を持たず葉は鱗片状に退化している。5 〜 6 月に高さ 10 cm ほどの太い茎を立て，紫色の花を多数つける。天然記念物指定地内では，以前からはっきりした生育記録がない。ハマウツボは，国の絶滅危惧Ⅱ類であるが，隣接する鳥取大学乾燥地研究センター前の砂丘では多数の生育が確認される。乾燥地研究センター前の砂丘は研究目的のために人為かく乱が最小限に抑えられており，これがハマウツボの分布に影響していると考えられる。ハマニンニクは，関東以北の太平洋側，北九州以北の日本海側海岸に分布し，鳥取県内にも生育する。天然記念物鳥取砂丘内にもよく似た種が少数生育するが，これはハマニンニクによく似た外来植物のオオハマガヤ（アメリカンビーチグラス，イネ科）とみられる。オオハマガヤはアメリカ西海岸の原産で，砂の堆積の著しい海岸砂丘地で旺盛に繁殖する。戦後，砂丘の飛砂防止目的で導入され，鳥取大学でも試験が行われた。その後，主に日本海沿岸の海岸砂防の現場で使われ，東北地方などではオオハマガヤが浜を占拠し在来の砂丘植物がほとんどみられなくなった場所もある（笹木，2007）。

　ハイネズ（ヒノキ科）は常緑針葉の低木で，鳥取砂丘内では合せヶ谷スリバチ底にみられ，砂丘周辺部に目立つ。天然記念物指定地外の砂防林内にはこのほか，アキグミが目立つ。アキグミ（グミ科）は

図 7-6　鳥取砂丘の代表的な希少植物と外来植物
a：ハマウツボ；ともに写っているカワラヨモギに寄生する。b：オオフタバムグラ；1980 年代以降に急速に増加した。
c：シナダレスズメガヤ；飛砂防止目的で過去に植栽され，砂防林林縁に多い。

北海道 - 九州に分布する落葉低木で，菌根共生により貧栄養の砂丘周辺部に多い種である。緑化に使われることもある。

　鳥取砂丘でみられる外来植物の中では，オオフタバムグラ（アカネ科，図 7-6b）の定着と増加が最も印象的である。北米原産のオオフタバムグラは，東京で 1920 年代に確認されたのが国内での最も古い記録だが，鳥取砂丘では 1985 年になってはじめて報告書に現れている。以後，分布を広げ量も増えて，現在では天然記念物鳥取砂丘内の外来植物の中で最も分布地点，量が多い。一方，砂丘地に隣接する砂防林内や林縁では，飛砂防止目的で植栽されたシナダレスズメガヤ（イネ科, 図 7-6c）の繁茂が目立つ。2 種はいずれも，生物多様性国家戦略 2012-2020 に基づいて作成された生態系被害防止外来種リストに掲載（環境省資料）されており，生態系に被害を及ぼすことが懸念されている。天然記念物鳥取砂丘内では，20 種の砂丘植物以外を主な対象に，次章で述べるような植生管理が行われており，植生はその影響を受けている。

（永松 大）

7-3　鳥取砂丘の昆虫類

　鳥取砂丘（浜坂砂丘）からは昆虫はこれまでに約 700 種が記録されている（佐藤・鶴崎，2010；鶴崎ら，2012）。ただし，この数には周辺の砂防林のみに生息する種，あるいは周辺からの迷入と考えられる種が含まれており，それらを除くとおおざっぱに見積もって，約 150 種である。鳥取砂丘から記録されている維管束植物は 132 種（前節参照）である。日本産種としてこれまでに記録されている維管束植物約 5,600 種，昆虫約 31,000 種（日本分類学会連合による調査）から計算すると，昆虫の種数は維管束植物のそれの 5.5 倍である。これと比較すると，鳥取砂丘（林地を除く）の昆虫の種数が維管束植物のそれとあまり変わらないのは意外に思われるかもしれない。しかし，これは鳥取砂丘では既述のように，植物（生産者）→ 植食性昆虫（第一次消費者）→ 捕食性昆虫（第二次消費者）という生食連鎖（grazing food chain）への依存度が低いことの現れと理解できる。

　これらの鳥取砂丘の昆虫には砂地に目立つ巣穴をつくったり，習性が珍しかったり，複雑な寄生・共生関係を示したり，などと自然観察や生物教材として興味深いものは枚挙にいとまがないが，ここでは，鳥取砂丘の昆虫を語るときに，是非ふれておきたい 2 つのポイントのみ説明しておきたい。その 2 点とは，鳥取砂丘の，1）絶滅危惧の海浜性昆虫のホットスポットとしての重要性，と 2）「種間競争」の教材としての有用性，である。

1）絶滅が危惧される海浜性昆虫

　鳥取砂丘の裸地部分に生息する 150 種のうち，約 60 種は砂浜海岸のみに生息する海浜性種である（一部に河川河原などで砂地があれば内陸にも出現する種もあるが，海浜に多いものはここに含める）。砂浜海岸は高度経済成長期以降，日本ではその面積が著しく減少しており，残された砂浜も海岸近くまで伸びた宅地開発や道路建設などにより砂浜と砂防林の連続性が断たれたり，海水浴客の入り込みで，海浜植物群落が荒らされたりしているところが増加している。そのため，海浜性の昆虫には絶滅が危惧され，環境省版や都道府県など地方自治体版のレッドリストの掲載種となっているものが多い（鶴崎，2015）。鳥取砂丘でレッドリスト掲載となっている昆虫とクモガタ類の種を表 7-3 にまとめた。紙面の都合で各種の詳細は省くが，ここでは保全上，重要度が高く，かつ観察の容易なカワラハンミョウとイソコモリグモの 2 種のみ説明しておきたい。

表 7-3　鳥取砂丘に生息する昆虫とクモガタ類でレッドリスト
（環境省版と鳥取県のそれぞれ最新版）掲載種

	環境省（2012）	鳥取県（2012）
絶滅危惧 IB 類 （EN）	**カワラハンミョウ**	**ハラビロハンミョウ**[1]
絶滅危惧 II 類 （VU）	**イソコモリグモ** **ハラビロハンミョウ** **ゴヘイニクバエ** **ニッポンハナダカバチ**	**イソコモリグモ** **オオヒョウタンゴミムシ** **カワラハンミョウ** **ニッポンハナダカバチ** **ゴヘイニクバエ**
準絶滅危惧 （NT）	**オオヒョウタンゴミムシ** コガムシ[2] キマダラルリツバメ[3] **キバラハキリバチ** クロマルハナバチ[4] トゲアリ[4]	アオモンイトトンボ[2] **ヤマトマダラバッタ** **ハマスズ** **ハマベツチカメムシ** ハルゼミ[4] **キヌゲハキリバチ** **ハマベウスバカゲロウ** キマダラルリツバメ[3]
情報不足 （DD）	**ヤマトスナハキバチ**	**セグロイナゴ** **カワラゴミムシ** スナヒメハダニ[5]

太字は海浜性種。

[1] 鳥取県では絶滅危惧 IA 類と IB 類を分けていないので，ここでは I 類。本種は鳥取砂丘および鳥取県全体ですでに絶滅していることがその後確認された（鶴崎ら，2015）。
[2] オアシスで確認されている水生昆虫。オアシスに水量があるときには両種とおそらく 1 世代を完結するが，近年はプールの水量が少なく確認されていない。
[3] 砂丘に隣接するクロマツ林で発生。幼虫はハリブトシリアゲアリと共生する。
[4] 周辺の林地に生息基盤がある種。
[5] 鳥取砂丘で新種として記載された唯一の生物。カワラヨモギで見つかっている。

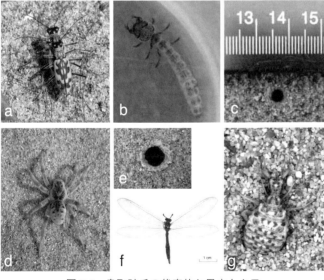

図 7-7　鳥取砂丘の代表的な昆虫とクモ
a-c: カワラハンミョウ；a, 交尾中の成虫（上が雄）；b, 終齢（3 齢）幼虫；c, 3 齢幼虫の巣穴。d-e: イソコモリグモの雌の成体（d）と巣穴（e, 巣穴の入口は糸でかがられる）。f-g: ハマベウスバカゲロウの成虫（f）と終齢（3 齢）幼虫（g）。

　カワラハンミョウ（図 7-7a-c）：ハンミョウはオサムシ科（以前はハンミョウ科）の甲虫である。この仲間には海浜や河口干潟にかぎって生息するものが 6 種あるが，これらは全種が環境省版レッドリストの掲載種となっている。カワラハンミョウもその一つで，イカリモンハンミョウ，ルイスハンミョウとともに，ハンミョウ類の中では最高の絶滅危惧 IB 類にランクされている（執筆時点で最新の 2012 年のリストでのランク）。カワラハンミョウは日本からシベリア・中国・モンゴルにかけて生息する種で，日本ではかつては九州から北海道まで広く生息していたようであるが，7 県では絶滅，他の多くの地域でも現在では極めて危険な状態になっており，三重県，滋賀県，島根県，長崎県では県条例で捕獲禁止となっている。鳥取砂丘はおそらく全国で唯一の健全な生息地で，7 月中旬から 9 月にかけて鳥取砂丘を歩くと地表から飛び立っては近くの地表に舞いおりる本種の成虫を容易にみることができる。他のハンミョウが黒銅褐色の地色に黄白色の模様をつけるのにたいし，本種は黄白色の部分が広く，全体に白っぽくみえ，砂丘の乾いた砂地では隠蔽的である（図 7-7a）。幼虫（図 7-7b）は地面に垂直の坑道を掘り，入口を頭部と前胸背板でふさぐような姿勢で坑道に身を隠して，近くを通りかかる小昆虫を捕食している。本種の巣穴（図 7-7c）は，春から秋までハマゴウやコウボウムギの群落などの周囲に多数みられるが，幼虫は足音に敏感で近づくと坑道の奥に後退するので姿をみることは難しい。鳥取砂丘では本種

の生息状況はいまのところ健全であるが，鳥取県内の生息地は，中部の天神川河口にごく少数個体が残っているのみで，極めて孤立している。したがって，病気が蔓延すると急激に個体数が減少する可能性もあり，その点では注意を要する。

　イソコモリグモ（図 7-7d-e）：本種は体長が 2 cm 前後にもなるコモリグモ科の大型種である。コモリグモ科は雌が卵のうを腹部後端につけ，ふ化後の若齢幼体を腹部に乗せるという形で子の保護を示すためにこの名がついたクモで，日本には約 90 種を産する。産卵期には雌が管状の住居をつくるものがあるが，ほとんどの種は徘徊性である。本種はその中で数少ない，はっきりとした住居をもつ種である。住居は砂地にほぼ垂直に深さ 30 cm ほどに掘られた縦穴である。本種の巣の入口には薄く糸が張り巡らされているので，それが確認できたらその巣は本種である（図 7-7e）。産卵は 4 月頃で，5 ～ 6 月には独立した子グモの径の小さい巣穴が直径の大きい成体の巣穴にまじってみられるようになる。巣穴は春から秋までみられるが，夏季の日中は巣穴入口を閉じていることが多く発見しづらい。成体になるまでには約 2 年が必要のようである。

　本種は島根県以北の日本海側の本州，北海道，および茨城県以北の太平洋側の規模の大きい砂浜で生息が確認されているが，本州の太平洋側では生息地の減少・悪化が目立っており，これが絶滅危惧 II 類へのランク指定の理由である。鳥取県の砂浜海岸には比較的広く生息地が残存しているが（Suzuki *et al.*, 2006），鳥取砂丘より東では規模の大きい砂浜を欠くために生息地はみつかっておらず，再び出現するのは，兵庫県を飛び越えて，京都府の琴引浜である。最近なされたミトコンドリア COI 遺伝子を使った系統地理学的研究（谷川，2015）によると，日本列島内の本種の集団間の遺伝的分化は顕著で，A から F までの 6 つの系統群に分かれる。このうち鳥取・島根の集団で形成される F 群と琴引浜からの能登半島までの E 群が他にたいして古い系統と考えられるが，この F 群と E 群の間のギャップもまた大きい。この結果は，本類の移動力の小ささを物語っている。

2）種間競争

　高校で習う理科で生物を選択した人であれば，教科書に必ず書いてあるロシアの生態学者 Georgyi F. Gause がゾウリムシの 2 種を同じ容器で飼育することで見いだした競争排除（competitive exclusion）という現象を覚えておられるであろう。同じような餌資源を消費する 2 種のゾウリムシは低密度のうちは共存するが，増殖して環境収容力に達するまで高密度になると，どちらか一方の種がやがて消滅するというものである。棲み場所や餌が似ている 2 種の間では種間競争が働き，共存できないということをこの実験は示している。

　種間競争は，野外の生物群集の成り立ちを考えるときにも重要な概念であるが，野外で種間競争が働いている，あるいはそれが群集構成の重要なキーワードになることを示した例は，じつは少ない。それは野外では，捕食者から捕食を受けたり，病気で死亡したり，台風や大雨で生息場所が大きく攪乱されたりするということが頻繁にあって，ふつうはどの種も環境収容力いっぱいまで個体数を増やしてはいないのが通常だから，というのがよく使われる説明である（非平衡共存説）。

　しかし，海浜性の昆虫では，その分布や，出現種の組合せ（種アセンブリ）に，種間競争が関わっていることを示唆させる事象がみられる。その例の一つは，日本海に面する海岸砂丘で巣穴を形成する 2 種のアリジゴク，クロコウスバカゲロウ（以下クロコ）とハマベウスバカゲロウ（以下ハマベ，図 7-7g）である。ハマベは山形県から福岡県にかけての日本海沿岸の砂丘にしか分布しないが，この地域

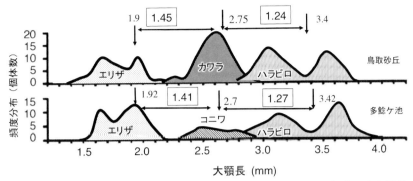

図7-8　1990年代前半まで鳥取砂丘と多鯰ケ池に生息したハンミョウ3種の組合せと大顎長の頻度分布
成虫の大顎長は相互に重ならない。ハラビロとエリザが双峰なのはサイズの雌雄差が顕著なため。下向き矢印は各種の大顎長平均値。囲み数字は小さい側を1とした場合のサイズ比。Satoh *et al.*（2003）の図から改変。

はクロコの分布域にも重なっている。しかし，両種の分布が同所的になるのは比較的規模の大きい砂浜に限られており，小規模の海浜にはどちらか1種しかみつからない（このような状況は，チェッカー盤型分布 checkerboard pattern of distribution と呼ばれる）。鳥取県では，ハマベは鳥取砂丘と鳥取市宝木の砂浜（河内川河口）でクロコと同所的になるが，他の砂浜海岸ではクロコしか生息していない（ハマベしかいない砂浜はみつかっていない）。また，鳥取砂丘には両種が生息するが，巣穴をつくる場所にはズレがあり，クロコの巣穴が林縁部に限定されているのに対し，ハマベのそれは，より開けた海側の斜面にみつかる（図7-2）。クロコが内陸側，ハマベが海側という関係は，よりミクロなスケールでみたときにも同様で，鳥取砂丘の林縁のどこの斜面でみてもクロコが常に林縁側を占めており，両者の巣穴の分布はかなりきれいに分離している。しかし，クロコしか生息しない海岸では，クロコは，鳥取砂丘であればハマベしかみつからないであろう，林縁から離れ，海に直接に面している開放的な海岸砂丘上にも巣穴をつくっている。鳥取砂丘のクロコはハマベの存在により，ニッチシフトをおこしているのかもしれない。

　もう一つの例はハンミョウである。砂浜海岸に出現するハンミョウ類の種の組合せを全国で調査した佐藤綾氏らは，同一海浜では最大で4種まで共存するが，その場合，同一共存域では通常，大顎のサイズが種間で重ならないことに気づいた（Satoh *et al.*, 2003）。鳥取砂丘には佐藤氏らが調査された1990年代はじめまでは，ハラビロハンミョウ＋カワラハンミョウ＋エリザハンミョウの3種の組合せで，隣接する多鯰ケ池の岸辺にはハラビロハンミョウ＋コニワハンミョウ＋エリザハンミョウの3種の組合せで本類が生息していたようだが，これらの大顎のサイズは両地点ともに互いにきれいに分かれていた（図7-8）。ハンミョウ類はいずれも捕食者であるが，大顎のサイズが異なると捕食できる餌昆虫の大きさも変わるので，大顎サイズが異なるものどうしだと，種間競争を起こすことなく，相互に共存できる（逆にいうと，大顎サイズが重なっていると競争排除則が働いて，どちらかがいなくなる）ということを，これらの事実は示唆している。各種の大顎サイズの平均値をとり，隣あった種どうしでサイズ比を計算してみると平均して，1.3くらいである（図7-8）。このサイズ比は，ニッチのよく似た近縁種が同一地域で共存する場合に経験的にしばしば観察されている数値によく合っている（ハッチンソンの1.3倍則 Hutchinson's rule と呼ばれる）。このようなきれいな種アセンブリのルールが観察されるのも，餌の乏しい海岸という環境ならではのことかもしれない。

（鶴崎展巨）

7-4　多鯰ヶ池の植物

　多鯰ヶ池は，鳥取砂丘にせきとめられてできた湖である。周囲は 3.4 km あり，水面は海水面より 16 m ほど高い。大きな流入河川はなく，静かなたたずまいをみせて砂丘とは対照的である。2001 年には，生物多様性の観点から重要な湿地を保全

図 7-9　多鯰ヶ池の景観
中央奥が弁天宮，湖岸は 98% が自然護岸。

図 7-10　多鯰ヶ池に繁茂するスイレン
導入されたもの。池の浅い部分を広くおおっている。

することを目的とした環境省の「日本の重要湿地 500」に選定されている。

　砂丘側に面した多鯰ヶ池北東部にあって池にはりだした丘には弁天宮があり，丘全体がこんもりとした社叢となっている。面積は小さいが，よく発達したスダジイ林で，明るい砂丘と明瞭なコントラストをつくっている（図 7-9）。高さ 15 m ほどの林冠はスダジイが優占し，少数のタブノキやエノキが混じる。下層はヤブツバキが多く，モチノキ，エノキ，カクレミノが混生して当地の典型的な照葉樹林の形態をみせる。

　多鯰ヶ池では，水深の浅い場所を中心に，導入されたスイレン（スイレン科，園芸品種）が湖面を覆っている（図 7-10）。湖内にはこのほか，やはり外来植物のフサジュンサイ（ハゴロモモ，スイレン科）が多い。両種は生態系被害防止外来種リストの掲載種で，多鯰ヶ池湖内でのこれらの繁茂は在来水草の生育に影響していると考えられ，管理が必要な状態である。一方，多鯰ヶ池湖岸の植物にはみるべきものがある。2014 年の植物調査では 168 種の植物が確認され，このうち水生・湿生の植物は 77 種がみつかった（永松ほか，2017）。このうち絶滅のおそれのある種は 5 種，コウホネ，ウキヤガラ（鳥取県準絶滅危惧），タヌキマメ（鳥取県絶滅危惧 I 類），クロホシクサ（環境省絶滅危惧 II 類），タチモ（環境省準絶滅危惧）であった。タチモは鳥取県内での初記録であった。クロホシクサは多くの都府県で絶滅危惧あるいは絶滅とされている種で，多鯰ヶ池が鳥取県内の初記録であった。湖山砂丘の発達によって日本海から分離した鳥取市湖山池と比較すると，湖山池は多鯰ヶ池の 30 倍以上の面積があり，維管束植物は 166 種が記録されたが，うち水生・湿生の植物は 9 種のみ（永松ほか，2015）で，多鯰ヶ池における水生・湿生植物の種多様性の高さがよくわかる。なお，湖山池は 2012 年からの塩分導入により，湖岸に淡水生の植物はみられなくなった。多鯰ヶ池湖岸は，砂丘側にあたる北西部はほとんどが砂質だが，内陸側にあたる南東部は，粘土，岩，礫などの基質が入り交じっており，湖岸延長の 98 % が自然護岸であった。周囲には果樹園が広がるが，湖岸は改変されずに残っており，水生・湿生植物の重要な生育地といえる。

　一方で多鯰ヶ池では外来植物も 36 種が記録され，生態系被害防止外来種リストに掲載された種がセイタカアワダチソウなど 13 種含まれた。湖岸の植物相における帰化率は 21 % を超え，湖岸で最も広い面積を占める植物群落は外来植物のオオオナモミ群落で，外来植物が優占する群落は湖岸全体の 4 割に及ぶ。湖内でのスイレンやフサジュンサイの繁殖を含め，多鯰ヶ池の生物多様性保全における外来植物の管理は，今後の重要課題である。

（永松　大）

7-5　多鯰ヶ池の動物

　淡水湖である多鯰ヶ池には多くの水生昆虫や淡水魚，水鳥の生息が期待される。しかし，トンボと淡水魚・淡水貝以外，当地の動物相はあまりよくは調査されていない。

　トンボは，多鯰ヶ池からはこれまでに36種の記録があり，2014年の調査だけでも21種がみつかっている（尹・鶴崎，2016）。鳥取市の湖山池で記録のあったトンボは34種（2012年に実施された汽水化事業により，現在，湖山池から発生するトンボは皆無である）であったので，これよりは多いが，近郊の山間の湖沼と比較して，とくに多いわけではない。また，これらは成虫での記録であり，幼虫がこの池で発生できているかどうかについてはまた別の調査が必要であろう。

　トンボ類の生息への影響のほどは不明であるが，多鯰ヶ池には現在，捕食性の外来魚類であるオオクチバス（ブラックバス）とブルーギルが数多く生息しており（オオクチバスについては本湖沼に持ち込まれたのは1980年代初頭と考えられている），これが，在来の水生動物にゆゆしい影響を与えている。環境省のレッドリスト（2012）で絶滅危惧IA類に指定されている淡水魚のミナミアカヒレタビラが鳥取県内で最初に生息が確認されていた湖沼であるが，1991年からの度重なる調査でも発見されておらず，本種が当湖沼から絶滅したことはほぼ確実である。2010年の淡水魚の捕獲調査ではブルーギルが全体の7割以上，オオクチバスが2割近くを占めており，当地で記録のあったヤリタナゴ（環境省レッドリストで準絶滅危惧）やモツゴも発見されなかった（福本ら，2010）。

　現在，多鯰ヶ池でもっとも絶滅が心配されるのはカラスガイである。カラスガイは大型の淡水性二枚貝で，鳥取県希少野生動植物の保護に関する条例（2001年12月制定）で特定希少野生動植物に指定されている動物8種（植物は33種）のうちの一つである（ミナミアカヒレタビラもそのうちの一つ）。指定当時，鳥取県内でカラスガイの生息が確認されていた湖沼は鳥取市の湖山池だけであったが，湖山池の汽水化事業が計画された際に県が計画している高濃度の塩分（海水のそれの1/10〜1/4：3.5〜8.75 PSUに相当。PSUは実用塩分単位であるが，これは千分率PPTに等しい）ではカラスガイやトンボ類などの淡水生物は生息できないという専門家の意見を完全に無視して，鳥取県は2012年3月に汽水化事業を強行し，結果として湖山池のカラスガイ個体群を他の多くの淡水生物とともに絶滅させた。その直前に，多鯰ヶ池でもカラスガイの生息が確認されたので，鳥取県内からの絶滅はかろうじて避けられた。しかし，当地ではカラスガイは殻長18cm以上の大型の個体しかみつかっておらず，再生産がなされていないおそれが非常に高い（福本・谷岡，2013）。カラスガイを含むイシガイ類はグロキディウムと呼ばれる幼生が特定の淡水魚の鰓やひれに寄生するという習性があり，それらの淡水魚がいないと，繁殖できない。カラスガイではその際の寄主はヨシノボリ類で，その仲間としては多鯰ヶ池ではかろうじてゴクラクハゼが確認されている。しかし，ブルーギルやオオクチバスが依然として優占する現状では，ゴクラクハゼの存続も危険であり，カラスガイの集団が当地で永続できるかどうかは予断がゆるされない。

（鶴崎展巨）

第8章

鳥取砂丘の植生管理と動植物への影響

8-1 鳥取砂丘への植林過程

　砂が活発に動く海岸砂丘は，古くから人間の生活域に隣接しながら農地化できない不毛地で，砂が飛んでくるやっかいな存在であった。各地の砂丘ではその時々に可能な最大限の利用が図られてきたが，とりわけ江戸時代に入って社会が安定すると，街道や耕作地，家屋を守るための砂防植林が全国で積極的に行われるようになった（立石，1989）。鳥取藩では条件に恵まれた西部の弓ヶ浜砂丘が最も早く開発され，1759年に完成した米川用水の事業がよく知られている。

　少し遅れて鳥取砂丘でも，飛砂を抑えて農地利用を試みる植林の記録が現れる。千代川西側の湖山砂丘は比較的平坦で，天明年間（18世紀末）の船越作左衛門らの努力によりクロマツ植林が成功し，浜井戸による地下水利用により農地利用がすすんだ（立石，1989）。

　現在の天然記念物鳥取砂丘が含まれる千代川東側の浜坂砂丘でも，同時期に伴九郎兵衛が中心となって植林を行っている（大村，1993）。しかし砂の移動が激しかったことから植林はうまくいかず，利用は進まなかった。明治に入り，鳥取県が1880（明治13）年から浜坂砂丘に8万本のマツを植えたが，その後10年を待たず5000本しか残らなかったとの報告が残る（大村，1993）。その後，浜坂砂丘と福部砂丘の広い範囲は明治末から陸軍の演習地となり，一般人による利用が制限されることとなった。周辺部では1918（大正7）年から，佐々木甚蔵を中心とした湯山砂防組合が多鯰ヶ池北東部に植林を行い，苦労の末8 haの植林に成功して後背地に15 haの桑畑を拓く成果をあげている。1932（昭和7）年からは国庫補助による県営事業として福部砂丘周辺の植林も進められた（大村，1993）。しかし，当時の砂丘植林には限界があり，浜坂砂丘への植林は大きな成果をあげられなかった。同じような状況は庄内砂丘でも記録されている（立石，1989）。

　浜坂砂丘と福部砂丘の大部分では，結果的に自然に近い状態で砂丘が残され，その開発と利用は第二次大戦後まで持ち越しとなった。戦後，鳥取砂丘の国有地（旧陸軍演習地）は1952年に，湖山砂丘の一部と浜坂砂丘東側の385 haが鳥取市に，福部砂丘の210 haが福部村（現鳥取市）に払い下げられた（大村，1993）。現在の天然記念物鳥取砂丘は，鳥取市と福部村に払い下げられた部分（の一部）である。浜坂砂丘西側部分の115.5 haは鳥取大学に研究用地として移管された（第12章参照）。福部砂丘ではその後，植林とラッキョウ畑などの造成が行われた。

　この時期，浜坂砂丘では全域に植林をする計画があった。1952年の払い下げ時には，砂丘は20年間，潮害，飛砂害を防ぐ防砂林として使用するという用途条件がついていた。砂丘地への植林費用の半分を国が補助する法制度も同時期に作られ，植林が推進された。一方で，観光業者，文化財関係者の側で

は，鳥取砂丘の観光的価値・学術的価値を重視して，植林せずに砂丘を残す運動が進められた（第 1 章参照）。結局，植林推進側と保存推進側は，1954 年当時に未植林であった 110 ha をそのまま残すことで合意した（大村，1993）。1955（昭和 30）年に合せヶ谷，追後の両スリバチと長者ヶ庭を含む中心部 30 ha の天然記念物指定（図 8-1）が実現し，同年中に山陰海岸国定公園にも指定されて現在の天然記念物鳥取砂丘の枠組みの原形がつくられた。天然記念物鳥取砂丘は，その後 1962（昭和 37）年に指定地が 113 ha に拡大され，1963 年には山陰海岸国立公園に昇格して，保全の手立てが整備された。

8-2　鳥取砂丘の保全のあゆみ

　第二次大戦後，浜坂砂丘への砂防植林が成功し，クロマツが成長すると砂丘外への飛砂害は減少した。同時に，周囲を植林に囲まれた天然記念物鳥取砂丘内の砂の動きにも変化が現れた。天然記念物の総合的な保護管理のために設置され，専門家で構成された鳥取砂丘調査委員会は，1962（昭和 37）年の報告で，砂丘南側の合せヶ谷スリバチ（図 8-1）とその周辺の変化を指摘した。合せヶ谷スリバチは変形と埋積による変形がすすみ，近くでは砂が削られて埋もれていた火山灰層が表面に出てくるようになった。合せヶ谷スリバチは当初 30 ha の天然記念物指定に含まれ，これは天然記念物鳥取砂丘の本来の価値を減ずるものであった。

　鳥取砂丘では冬季に北西からの強い季節風が吹く。しかし合せヶ谷スリバチの西側には植林が迫っており，クロマツの成長に伴い風の状況が変わったことが地形変化の主因と考えられた。鳥取砂丘調査委員会では砂の動く砂丘を取り戻す目的で合せヶ谷スリバチの北西側 52 ha（第 2 案として 33 ha）の砂防林伐採（図 8-1）を提言した。商工・観光関係者による期待も後押しになった（大村，1993）とは思われるが，「砂丘の保全」を主目的とした砂防林伐採の提言は，経済優先の高度成長期にあって画期的なものだったと評価できる。

　実際に保全を進めるのは地域社会の力である。砂防林一部伐採の提言は，地域の行政課題となった。これを実行に移すには 2 つの問題があった。一つは土地の権利問題で，伐採候補地は鳥取市から地元に譲渡が決まっていた場所だった。これは 1967 年になって約 33 ha の所有権を鳥取市に移し，伐採することが関係者の間で同意された（大村，1993）。もう一つは森林法に基づく保安林（飛砂防備保安林）指定で，伐採して砂丘に戻すには保安林指定の解除が必要だった。林野庁との協議の末，1971（昭和 46）年に解除の面積を 15 ha に縮小して許可がおりた。これを受けて，1972（昭和 47）年秋と 1974（昭和 49）年春に分けて 15 ha の伐採（1 回目の一部伐採，図 8-1）が実現した。

　このときの砂防林伐採は 15 ha にとどまったが，1978 年には残された 18 ha の砂防林を含む 33 ha 部分の天然記念物指定範囲拡大が行われて，指定範囲は現在と同じ 146.2 ha となった。1980 年に鳥取砂丘調査委員会はこの 18 ha の伐採を

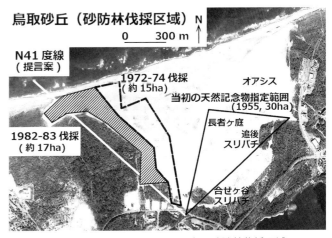

図 8-1　鳥取砂丘における過去の砂防林伐採区域
鳥取県の資料に基づく。

提言し，林野庁は除去の効果が認められない場合には再植林することなどを条件に保安林の伐採を認めた。これを受けて 1982（昭和 57）年から 1983 年にかけて 17.3 ha の伐採が行われ（2 回目の一部伐採，図 8-1），砂丘の広さは今日と同じになった。

2 度の砂防林伐採では，切り株からの再生が起こることが想定されており，重機による切り株の堀り上げと表面土壌の持ち出しが実施された。しかし荒廃地の緑化に適した外来種として植栽されたニセアカシアは根から幹を再生する根萌芽能力に優れ，伐採跡地では残った根から多数が再生した。加えて砂防林の表層土壌には大量の路傍雑草種子が含まれていて取りきれず，メヒシバを中心とした草本群落が出現した。樹林であった場所は，伐採して砂地に戻しただけでは砂が動く砂丘にはもどらない。残った根の除去や除草などが市民団体も協力して行われ，1988（昭和 63）年には，飛砂害は増加していないとする報告書がまとめられて，保安林解除が許可された。

この時期，天然記念物鳥取砂丘では，砂丘内での植物の増加（口絵 5-2）への対処の必要性が指摘されるようになっていた。砂防林伐採が落ち着いた後，次の問題は外来植物の増加，在来の砂丘植物の分布拡大による「砂丘の草原化」であった。

8-3 鳥取砂丘の植生管理と植物への影響

1960 年代以降の天然記念物鳥取砂丘内の植生分布の変遷について紹介する。天然記念物鳥取砂丘で作図可能な最も古い植生調査記録は 1967（昭和 42）年時のものである（永松，2014）。この時期，砂丘

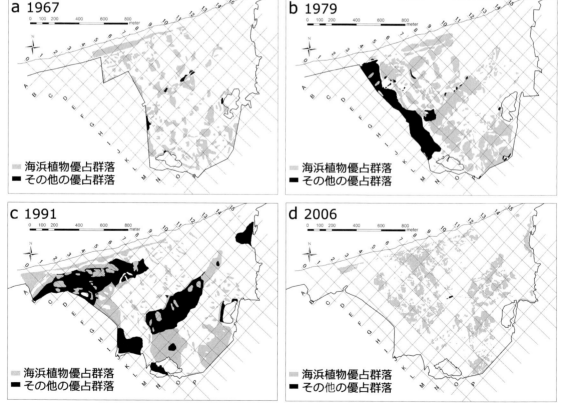

図 8-2　鳥取砂丘における 4 時代の植物分布
砂丘地と周辺砂防林の境界（太線）が移動していることに注意，北側は海岸線。永松（2014）を改変。

地は砂防林一部伐採前で現在より狭かったが，植物群落は砂丘内に点在する程度で，砂丘植物以外が優占する群落はわずかであった（図8-2a）。すでに砂丘内の砂の動きに変化が指摘されていた時期であり，植物の生育もこれに影響を受け始めていたものと考えられる。1979（昭和54）年には植物群落の分布がつながって連続的となり，面積が広がっている（図8-2b）。外来植物が増え，西側の砂防林伐採地部分では，広くメヒシバの優占群落がみられる。1991（平成3）年は，2回目の伐採後で，新たに伐採された部分を中心に外来植物の優占群落が切れ目なく広がっている（図8-2c）。砂丘中央部でも在来の砂丘植物を中心とした広い植物群落が出現している。

　砂丘における植物分布と砂の動きの間にはフィードバックの関係がある。強い風による激しい飛砂で砂の堆積・侵食が著しい場所ではどんな植物も生育できず，裸地が維持される。飛砂がいくらか少ない場所ではsandblastingサンドブラストへの耐性に応じて植物が分布しており，風の強さ，砂の動きが植物の分布を規定しているといえる。しかし風の強さは毎年一定ではなく，たまたま風の弱い年があれば，植物はそれまで分布できなかった場所に定着する。砂丘植物のほとんどが地下茎を持つ多年草のため，一度定着すると前年までの蓄積を基に個体を広げるようになる。すると植物が飛砂の抵抗となるため，一旦植物が定着するとその場所の砂の動きは弱められることになる。植物量の増加は飛砂量の減少につながり，さらなる植物の増加をうながすことにつながる。砂の動きは植物の分布を規定するが，植物の分布は砂の動きに影響するのである。植物量が徐々に増加する中で，飛砂量が植物の生育を制限するに足らなくなったとき，砂丘内で急速に「草原化」がすすむ可能性が考えられる。それまでゆっくりと進んできた植物量の増加が徐々に砂の動きを弱め，1980年代の鳥取砂丘では多くの植物が生育可能な状態ができあがったのかもしれない。

　1991年から始まった試験除草を経て，天然記念物鳥取砂丘内では現在まで全域を対象とした組織的な除草活動が継続されている（図8-3）。1994（平成6）年からは夏季にトラクターによる機械除草と手作業による人力除草が計画的に行われるようになった。2004（平成16）年からは，除草対象を砂丘のほぼ全域に広げるとともに，トラクター除草は必要最小限にとどめ，市民によるボランティア除草が始まった。2006（平成18）年の植生分布（図8-2d）は，1991年に比べて縮小，断片化しており，除草の効果がよくあらわれている。現在では，団体・企業が特定の区域を受け持ち，責任を持って除草を進める「ア

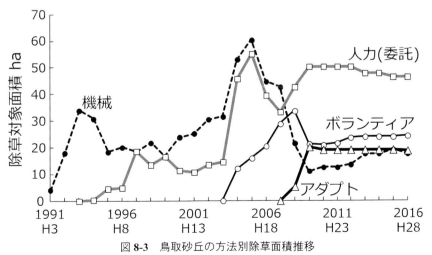

図8-3　鳥取砂丘の方法別除草面積推移

鳥取県砂丘事務所の資料に基づく。除草対象面積には，除草除外地や選択除草地を含む。

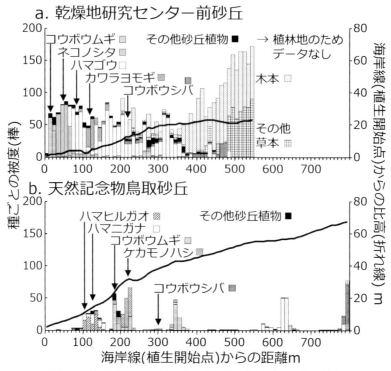

図 8-4　隣り合う 2 つの砂丘の成帯構造比較 (2011 年調査)
b の天然記念物側では植生分布が離散的で, 種の交代が乱れている。

ダプトプログラム」や, 観光客による短時間除草体験も行われており, 除草体制は多様化している。

　このような植生管理は砂丘内の植物に影響を与えている。砂防林の一部を伐採した西側部分はその後もメヒシバが多く (図 8-2d), 重点的に除草されている。内陸部の植物群落には砂がたまって高い丘ができ, 植物がない場所を集中的に風が抜けて谷が形成され, 以前にはみられなかった地形が形成されている。第二次大戦終了時までは一つの広い砂丘であった乾燥地研究センター前の砂丘と比べると, 天然記念物鳥取砂丘内の砂丘植物群落の分布は離散的で, 海浜の成帯構造は不完全になっている (図 8-4)。

　天然記念物鳥取砂丘では, 年間 100 万人を超える観光客が集中する東側部分で, 部分的に踏みつけによる砂丘植物の生育阻害が起こっていることは間違いない (図 8-2d, 東側の白色部分)。乾燥地研究センター前の砂丘に生育する絶滅危惧種ハマウツボが天然記念物指定地内にはみられないなど, わかりやすい問題もある。天然記念物, 国立公園特別保護地区としての生態系保全と, 観光のための景観維持, 観光客の利便性確保の両立は難しい課題として今後も続いていく。　　　　　　　　　　　　　　(永松 大)

8-4　昆虫類への影響

　鳥取砂丘では 1980 年代後半頃から草原化によって砂丘らしい風景が損なわれていることが問題となり (口絵 5-2), 1994 年から大規模な除草活動がはじまった。それに伴って, ここに生息する昆虫類の生息状況や分布にも大きな変化が現れている。

　ハマベウスバカゲロウ (以下ハマベ) とクロコウスバカゲロウ (以下クロコ) については巣穴の分布が除草開始以前の 1990 年から 1991 年にかけて鳥取砂丘で調査されている (戸田・鶴崎, 2011)。図 8-5

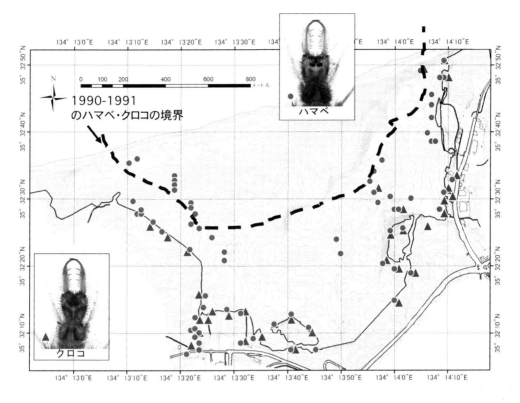

図 8-5　鳥取砂丘の除草継続に伴うハマベウスバカゲロウ（海側）-
クロコウスバカゲロウ（内陸側）の分布境界の南下
1990 〜 1991 年調査時の両者の分布境界（破線；戸田・鶴崎 2011）は，2007 年までに矢印方向
に林縁（実線）まで南下した。鶴崎ら，未発表

は 2007 年の分布調査結果（図 7-2 と同じ）に 1990 〜 1991 年の調査時の両種の分布の境を破線で書
き込んだものであるが，2007 年調査時の分布境界は周辺の砂防林の林縁にほぼ一致しているので，ハ
マベ・クロコの分布境界は，砂丘中央部にもみられたアキグミなどの低木の除去や砂防林との境界の後
退につれて最大で 500 m ちかく内陸側に移動した勘定である。

　鳥取砂丘西側の砂防林は 2007 年の調査の数年後から極度に伐採された。そのため西側の林縁の砂地
斜面の地形は 2007 年の調査時と比べると著しく変化しており，これに伴い，この林縁に多数みられた
クロコの巣穴がほとんど消失し，林縁沿いにきれいにみえていたハマベ・クロコの巣穴のきれいな交替
がここでは観察できなくなった。

　除草以前には生息していたのに，現在では絶滅したと考えられる種も出ている。オアシス周辺や多鯰ヶ
池の周囲の湿り気のある砂地に幼虫が巣穴をつくっていたハラビロハンミョウ（以下ハラビロ）である。
2012 年の鳥取県のレッドデータブックの改訂版出版時には，県内に専門家が不在で本種の鳥取砂丘で
の生息状況は不明だったので，初版出版時（2002）と同じ絶滅危惧 I 類のままでランク指定されていた（環
境省版では絶滅危惧 II 類）。しかし，2007 年から毎年継続してきた鳥取砂丘での昆虫相調査の間にもハ
ラビロの成虫をみることがなかったので，われわれは 2013 年から本種の生息確認と合わせてハンミョ
ウ類の鳥取砂丘内での生息状況を調査した。その結果，カワラハンミョウとエリザハンミョウの 2 種に
ついては砂丘内での巣穴の分布（図 7-3）や生活史の概略（巣穴径の測定値の季節変動から推定）を把

握できたが，ハラビロは以前に生息が確認されていたオアシス周辺と十六本松（じゅうろっぽんまつ）付近を含め，どこからも発見されなかった（鶴崎ら，2015）。また，多鯰ヶ池の池畔では以前にハラビロを含め3種が確認されているが，ここも1990年代前半までとは環境が変わったようで，ハンミョウ類の生息できそうな砂地の裸地自体がほとんどなくなっており，ハンミョウ類はまったく確認されなかった。

　未発表のものを含む過去記録を調査したところ，鳥取砂丘でのハラビロの最後の確認例は十六本松付近が1994年，オアシス周辺が1997年，多鯰ヶ池が2004年であった。鳥取砂丘で本種が最も数多く生息していたのは，千代川河口（せんだい）の十六本松だったようだが，当地は1983年の千代川の河口つけ替えで環境が大きく変貌している。つけ替え後の河口部はコンクリート護岸となり，本種が営巣する湿った砂地が消失したことが絶滅の主因と考えられる。一方，オアシスは国立公園の特別保護地区（昆虫類の採集にも環境省の許可申請が必要である）の中にあり，1994年に始まった除草以外には生息に影響したと考えられる要因がない。本種は，砂丘にいた3種のハンミョウの中では最も大顎が大きく，より大型の餌昆虫を必要とした種である。餌となる大型の昆虫が，植生の消失で数を減らしたことがハラビロの個体数維持を困難に導いた可能性が高い。また，ハラビロの巣穴は他のハンミョウと比較して浅く，深さが平均で12～14 cmほどしかない（カワラハンミョウのそれは30 cm前後）（Satoh & Hori, 2005）。そのため，除草活動に伴って増えたであろう踏圧も本種の絶滅に拍車をかけた疑いが強い。

　オアシス周辺の湿りを帯びたシルト混じりの砂地にはエリザハンミョウの幼虫も巣穴を作っている（図7-3）。本種は砂丘に生息していたハンミョウ類の中では大顎サイズ・体長ともに最小で，小型の餌昆虫でも集団を維持できるために絶滅を免れているのかもしれない。しかし，当地でみられる本種の巣穴は非常に多いとは言いがたく，現状のままで放置すると本種も消失するおそれがある。本種の当地の集団がどのくらいの個体数で構成されているかを知るために，2015年から標識再捕法が試みられている。その結果，2015年は個体数が最も多い時期（7月中旬）で約2,300個体，2016年は1,460個体という推定値（Jolly-Seber法による）が得られている（鶴崎ら2016および未発表）。昆虫のように個体数の年間変動が大きい動植物では集団が遺伝的多様性を減らさずに健全に維持されるのに必要な個体数（最小存続可能個体数 Minimum Viable Population ＝ MVPと呼ばれる）は約10,000と言われており（Primack 2014），これらの推定値は，これを大幅に下回っている。オアシス周辺については，人の立ち入りを制限するなどの対策が急務と考えられる。

　鳥取砂丘には，ニッポンハナダカバチ（口絵6-1e）やゴヘイニクバエ（口絵6-1f）など，絶滅危惧Ⅱ類に属し，危険度が高いと考えられるものの，砂丘内での分布や生活史が不明な昆虫が多数いる。これらについても生態と生息状況をモニタリングすることが，鳥取砂丘の自然環境の保全と利活用を両立させるうえできわめて重要である。
　　（鶴崎展巨）

8-5　海外の砂丘保全事例

　鳥取砂丘の植物を紹介した7-2節では，日本国内における外来植物オオハマガヤ（アメリカンビーチグラス）*Ammophila breviligulata* の問題を紹介した。アメリカやオーストラリア，ニュージーランドでは，これと同属（オオハマガヤ属）でヨーロッパ原産のビーチグラス *Ammophila arenaria*（ヨーロピアンビーチグラスとも言われる）が導入されて繁茂し，海浜植物群落の多様性を低下させている（ISSGのデータベースより）。

　例えば，アメリカ合衆国太平洋岸のカリフォルニア州ハンボルト郡では，もともと海岸砂防のために

図 8-6　ビーチグラスの除去地と非除去地の景観
トレイル左側の非除去地ではビーチグラスが密な群落
をつくって在来植物の生育を妨げている。右の除去地
は多様性の高い海浜植物群落が戻った。
米国ハンボルト郡，2016.9.7 撮影

図 8-7　海岸砂丘内に設けられたトレイル
右手前から中央奥に延びるロープの間が歩いてよい部分。
米国ハンボルト郡，2015.9.9 撮影

導入されたこの種が海岸砂丘一面に繁茂している（図 8-6）。ビーチグラスは砂移動の多い海岸の砂地に適応した植物で，茎を密生させて一面に繁茂し，周囲に砂を堆積させて砂丘前面の地形を変化させる。ハンボルト郡一帯の砂丘では日本に分布するのと同じハマニンニクやハマヒルガオも自生するが，密生した群落はこれら在来植物と競合し，海浜植物群落の種多様性が低下している（Wiedemann and Pickart, 2004）。このため本来の海浜植物群落を保全する目的で，市民参加によるビーチグラスの大規模な駆除作業が続けられている（図 8-6）。駆除には息の長い活動が必要だが，その成果は明らかで，駆除部分とそうでない部分は空中写真から判読可能なほどである。ハンボルト郡の海岸砂丘における管理主体や利用形態は場所ごとに異なり，OHV（Off-highway vehicle）を乗り回せるレクリエーションエリアから，立ち入りに事前許可が必要な保護地域まで厳密に決められている。解放されていても海岸に出るトレイルが決められていて（図 8-7），人の踏みつけによるかく乱をコントロールしている場所が多い。海浜植物への踏みつけの影響については多くの研究が指摘しており，鳥取砂丘でも一部でその影響が顕著である（永松，2014）。そもそも訪問者数の違いが大きいが，トレイルによるふみつけのコントロールは，鳥取砂丘をはじめ日本国内の砂丘管理との大きな違いである。

　ビーチグラスは世界的な侵略的外来種として認識されている。国内では今のところ侵入・定着の記録はないが，意図的導入を防ぐとともに，非意図的な定着と拡大を防止する観点から，2016 年 10 月に外来生物法に基づく特定外来生物に指定された（環境省資料より）。この指定により日本国内での同種の栽培，保管，運搬，輸入，販売は原則禁止される。　　　　　　　　　　　　　　　（永松　大）

第9章

鳥取砂丘の成立史と環境変遷

9-1 砂丘形成に至るまでの景観変遷

　鳥取砂丘の砂は地下どれほどの深さまで続くのか。鳥取砂丘はいつから存在するのか。砂丘がなかった時代の景観はどのようなものか。なぜ砂丘が形成される時代へと変わったのか。鳥取砂丘で実施された6ヶ所の学術ボーリング調査（図9-1）から，これらの疑問について考えよう。

　鳥取砂丘の模式的な断面にボーリング柱状図を並べたのが図9-2である。砂丘砂と類似した堆積物が多くの場所で現海面下 -30 mまで続くことがわかる。その下位にはB3・B4ではシルト層と礫混じりの砂層の互層が，さらに下位には礫層が認められ着岩した。他の場所ではシルト層の下で着岩し

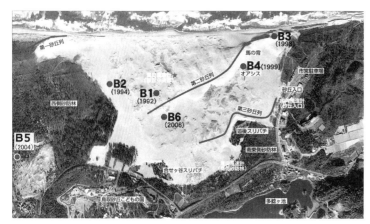

図9-1　浜坂砂丘の学術ボーリング位置
自然公園財団，2010 に加筆。

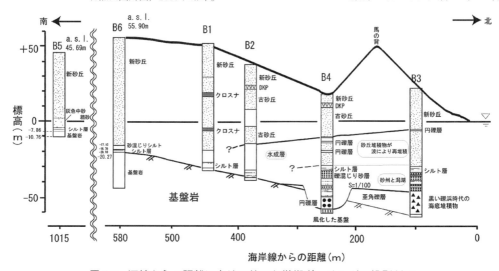

図9-2　汀線からの距離に応じて並べた学術ボーリングの投影断面

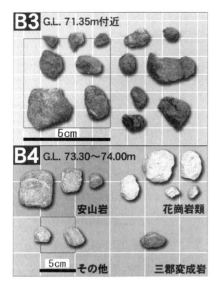

図 9-3　鳥取砂丘 **B3・B4** ボーリングの
基底砂礫層中の礫
自然公園財団（2010）を改変。

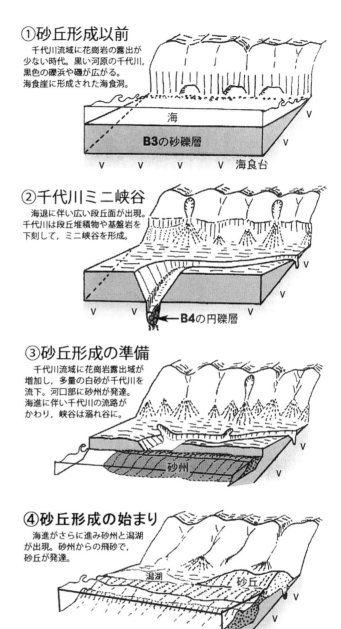

①砂丘形成以前
　千代川流域に花崗岩の露出が
少ない時代。黒い河原の千代川，
黒色の礫浜や磯が広がる。
海食崖に形成された海食洞。

②千代川ミニ峡谷
　海退に伴い広い段丘面が出現。
千代川は段丘堆積物や基盤岩を
下刻して，ミニ峡谷を形成。

③砂丘形成の準備
　千代川流域に花崗岩露出域が
増加し，多量の白砂が千代川を
流下。河口部に砂州が発達。
海進に伴い千代川の流路が
かわり，峡谷は溺れ谷に。

④砂丘形成の始まり
　海進がさらに進み砂州と潟湖
が出現。砂州からの飛砂で，
砂丘が発達。

⑤更新を繰り返す砂丘
　その後，海進・海退を幾度か経験？　氷期の低海水準の海岸線に形成された
小型の砂丘群は，海面上昇に伴い順次侵食される。この時，細砂は波の作用で
浜に打ち上げられ，その一部が風に運ばれて砂丘に付加する。このように海水
準の上昇により，氷期の期間に山から供給された砂の一部が，reworkを繰り返
しながら，砂丘に付加している可能性が考えられる。

図 9-4　鳥取砂丘成立までの景観変遷模式図
自然公園財団（2010）を改変。

た。着岩深度に注目すると，B6 で海面下
-20 m，B3 で -60 m と北（海側）に向けて
一様に傾斜した地形が浮かび上がる。ボー
リング位置の平面的な分布を考慮すると，
天然記念物鳥取砂丘の地下には，海食台の
平滑な地形が保存されていると考えられる。

　B4 の着岩深度は，海食台の侵食面より
もさらに深くなっていた。基底礫層よりこ
の理由が明らかになった（図 9-3）。B4 の
基底礫層は礫径，礫形，礫種，層厚のいず
れもが千代川の河床礫であることを示唆し
た。つまり，海面低下に伴って千代川が下
刻をして，海食台の地形面を刻み，谷地形
が形成されていたと考えられる。一方 B3
の基底礫層は径 1 cm 前後と細かく，礫種
も三郡変成岩や流紋岩が主体を占め，B4
の礫層とは明らかに異なった。浅海底で海
食台を削っていた堆積物の可能性が考えら
れる。

　これらの礫層を覆って堆積したシルト層と砂礫層の互層は，砂州とその陸側の潟湖（ラグーン）堆積
物と解釈できる。そして砂州から供給された飛砂が砂丘形成に寄与した。深度 -30 m より上位に続く細
砂層は基本的に砂丘堆積物と考えられる。しかし下部ほどシルト混じりの細砂であり，ラミナ構造が確

認された。また，一部には扁平な円礫層の薄層（層厚50 cmほど）を挟んでいた。これらはビーチあるいは浅海底の堆積物と考えられる。つまり，砂丘砂が波の侵食でreworkした堆積物と考えられる。

以上の環境変遷を図9-4に模式的に示した。砂丘がなかった時代から砂丘が形成されるに至った理由を知るために，B3とB4の基底礫層に注目した。そ

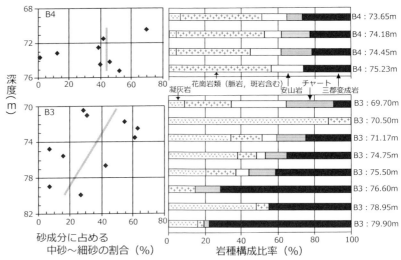

図 9-5　鳥取砂丘 B3・B4 の基底礫層の分析結果
小玉ほか（2001）を改変。

の結果，B3堆積物では系統的変化が認められた（図9-5）。礫種構成をみると下部から上部にむけて三郡変成岩類が著しい減少を示し，かわりに花崗岩類（脈岩や石英斑岩を含む）が増加した。これは千代川流域に露出する地質分布の変化を反映したものと考える。

砂成分に注目した分析では，礫種構成の変化に応じて細砂・中砂の割合が増加した。細砂・中砂は飛砂となり砂丘を形成する材料である。すなわち，流域に露出する花崗岩類の割合が増加するにつれて，風化したマサ（真砂）が千代川を通して海岸部に供給され，砂丘を構成する材料が整い，砂丘の形成に至ったものと解釈できる。

B4は千代川の一時代の河床砂礫であり，上下で礫種構成や粒径に変化が少ないことも納得できる。またB4の三郡変成岩の比率がB3の上部より高くなることは，B3堆積物が侵食されてB4堆積物に取り込まれたためと解釈できる（図9-4）。シルト層に関して，珪藻分析（岡田ほか，2004）や粘土懸濁物の電気伝導度測定（谷口ほか，2008）が実施され，淡水～海水の古環境推定がなされた。これらは砂丘成立モデルと矛盾しない。以上のように鳥取砂丘が成立する背景は，千代川流域に占める花崗岩類の分布域の増加により，細砂・中砂といった砂丘をつくる材料が海岸部にもたらされたことにある。砂丘の形成が始まった時期は今後に残された課題である。　　　　　　　　　　　（小玉芳敬）

9-2　GPR探査とOSL年代測定

鳥取砂丘が成立してから現在にいたるまで，砂丘地形がどのように変遷してきたかを知るには，砂丘内部の地層の構造と年代が大きな手がかりとなる。砂丘は一般に砂が動きやすく，地形変化が大きいことが特徴である。地形の変化には堆積と侵食をともない，その痕跡が地層の構造に記録される。また，地層に年代を入れることで，地形景観の時間的な変遷を復元することが可能である。ただし砂丘の地層は崩れやすいために大きな露頭を得ることは難しく，

図 9-6　地中レーダの探査風景

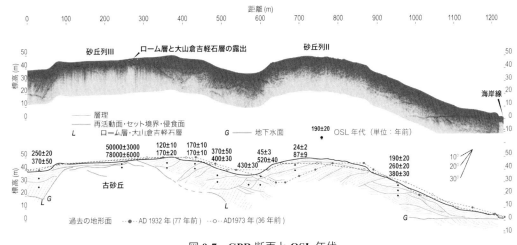

図 9-7　GPR 断面と OSL 年代

田村ほか（2010），Tamura *et al.*（2011a, b）

クロスナ層などは別として，放射性炭素（^{14}C）年代測定を使える有機物や貝殻を含まない。こうした砂丘の地層を研究する方法として有効なのが，GPR（Ground-Penetrating Radar；地中レーダ）探査と，OSL（Optically-Stimulated Luminescence；光ルミネッセンス）年代測定で，これまでに世界の様々な砂漠や海岸の砂丘に適用され，砂丘の発達過程が明らかにされてきた（例えば Bristow *et al.*, 2007）。

　GPR 探査は，地下に向けて送信した電磁波の反射信号に基づいて地層の構造を調べる物理探査法である（図 9-6）。電磁波は，砂丘の地層の層理面で反射する。このため，測線上を移動しながら電磁波の送受信を繰り返すと層理面が反射面として可視化され，地層の内部構造を明らかにすることができる。こうして得られる地下断面は，GPR 断面と呼ばれる。

　GPR は，図 9-6 にみられるように，人力で運搬できるため，地形の凹凸が激しく足場が不安定な砂丘地で大きな威力を発揮する。電磁波は，地下を伝わる間に減衰するため，深度が大きいと反射面は可視化できない。探査可能な地下深度（探査深度）は，地層を構成する物質の減衰率により決まる。減衰率は，海水，シルト，粘土などの導電率の高いもので大きい。砂や礫では，電磁波の減衰が比較的小さいが，水分を含むと減衰が大きくなる。砂丘砂は地下水面より上では水分が小さいため GPR 探査に適している。また，探査深度は電磁波の周波数によっても異なる。周波数が低く波長が長い電磁波を用いれば探査深度は大きくなるが，分解能は波長に比例するため，悪くなる。砂丘など砂質の地層に対しては，周波数が 50 〜 400 MHz の GPR を用いることが一般的である。鳥取砂丘では 100 MHz の GPR により，約20 m 深の地中レーダ断面が得られている（図 9-7）。

　OSL 年代測定は，鉱物粒子から発せられる微弱な光（ルミネッセンス）の強度から，地層の形成年代を決定する方法で，砂丘の地層に豊富に含まれる石英と長石の砂粒子に直接適用することができる。ルミネッセンスの源は，鉱物の結晶に蓄積する不対電子である。不対電子の蓄積は自然放射線の被爆により増加するが，ある時点で光の刺激を与えると蓄積量に比例した強度のルミネッセンスが観測される。このため，ルミネッセンス強度から自然放射線の蓄積

図 9-8　ハンドオーガーの調査風景

線量（単位：Gy）を決めることができる。一方で，ある鉱物粒子が 1 年間に被爆する放射線量（年間線量（単位：Gy/ 年））は，その粒子の内部や粒子周囲に存在する微量の放射性核種の濃度と宇宙線の強さから決定される。化学組成の分析や自然放射能の直接の測定から年間線量（Gy/ 年）を定量し，上記の蓄積線量（Gy）を割ることで鉱物粒子の埋積時間の長さ（年），すなわち地層の年代を求めることができる。

　OSL 年代測定の試料は，太陽光の刺激を与えない状態で採取することが必要である。砂丘地の地下水面よりも浅い深度においては，ハンドオーガーでボーリングを行うことで遮光した堆積物試料を採取することができる（図 9-8）。鳥取砂丘でもハンドオーガーを用いて，最大で 12 m の深度から試料が得られている。ハンドオーガーは，砂丘地であれば，任意の場所で行うことができるため（天然記念物であり文化財でもある鳥取砂丘では，事前に環境省と文化庁の許可が必要），GPR 断面を参考に地下試料を採取して年代を決定し，砂丘地形の時間的な発達過程が復元された（図 9-7）。

9-3　後期更新世以降の鳥取砂丘の成長と地球環境変動

　鳥取砂丘は，主に冬季の北西風により海岸の砂が陸側に吹き上げられてできた海岸砂丘である。この北西風は，ロシアのバイカル湖からモンゴルにかけて発達するシベリア高気圧から太平洋に向かって吹く季節風で，冬季モンスーンとも呼ばれる。冬季モンスーンはこのように広域的な現象で，その強度やパターンは気候変動とともに変化してきたと考えられている。また，海面変動が起これば，砂の供給源である海岸の位置が変化するため，砂丘の活動に影響する。このように，冬季モンスーンや海面高度の変化を通して，鳥取砂丘の成長と地球環境変動とは密接に結びついていると考えられる。

　鳥取砂丘の中でこれまでに GPR 探査と OSL 年代測定が行われたのは，浜坂砂丘である（Tamura et al., 2011a, b, 2016）。GPR 探査測線は，砂丘列のクレストに直交する方向，すなわち北西風によって砂丘が移動する方向にとられている。図 9-7 は，浜坂砂丘東部の第 3 砂丘列から第 2 砂丘列，さらに海岸線に至る断面を示す。この測線上の第 3 砂丘列には，ローム層と大山倉吉軽石層が露出しており，その大半が古砂丘からなることが分かる。古砂丘最上部から得られた 2 点の OSL 年代は 78,000 ± 6,000 年前および 50,000 ± 3,000 年前で，後期更新世である。この 2 つの時代は，海洋酸素同位体ステージ（MIS）5a の後半，および MIS 3 の前半であり，間の MIS4 と MIS3 の後半から MIS2 にかけては，世界的に海面が現海面と比較して -50 m 以下に低下した時代である（Lambeck et al., 2002）。鳥取沖の陸棚では，水深 60 〜 80 m で，50 m 以浅よりも勾配がはっきりと緩くなる（Tamura et al., 2011b）ことから，海面が -50 m 以下になると，海岸線がますます沖に遠ざかり，海岸砂丘の活動が維持されにくくなったと考えられる。MIS3 の後半から MIS2 において，海面の低下により海岸線から遠く陸側に取り残された砂丘は内陸の小高い丘となり，中国からの風成塵や火山灰（大山倉吉軽石層を含む）が堆積した。

　約 1 万 8 千年前の最終氷期最盛期（MIS2 前半）以降，再び海面の上昇とともに現在の鳥取砂丘に海岸線が近づく。それ以前の低海面期には，沖に砂丘地があったと考えられるが，それらは海面上昇に伴って水没し波浪で侵食された模様で，現在の陸棚の上に地形的な痕跡はない。5,000 〜 7,000 年前に海面が現在とほぼ同じ高度になってからは，鳥取砂丘の活動は再び活発になったと考えられるが，現在の砂丘地表層を構成するのは，主に 1,000 年前以降に形成された地層である。図 9-7 の断面はその中でも若く，最も古い年代値が 520 年前である。この地中レーダ断面のうち，第 2 砂丘列の大部分と第 3 砂丘列の海側部分では，北西季節風の風下側である陸側に傾くフォーセット層理の発達が顕著である。つまり，新砂丘は基本的に陸側への付加により発達している。より詳しく見ると，第 2 砂丘列の海側部分には，

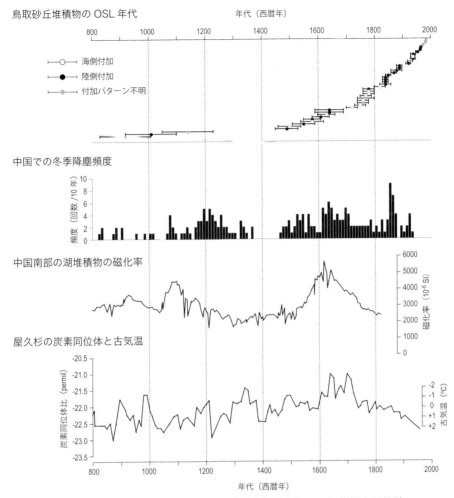

図 9-9　鳥取砂丘の発達パターン・時期と冬季モンスーン指標との比較
Tamura *et al.* (2016) を改変。中国での冬季後塵頻度，中国南部の火山湖堆積物の磁化率，屋久杉の炭素同位体と古気温は，それぞれ Zhang (1984)，Yancheva *et al* (2007)，Kitagawa and Matsumoto (1995) から引用。

海側に傾斜する反射面も多く，この部分のみ海側への付加で形成されたことを示している。こうした新砂丘発達の陸側付加と海側付加の2つのパターンの時代は，浜坂砂丘の他の測線でも共通しており，15世紀から17世紀には陸側付加，18世紀に海側付加，19世紀に再び陸側付加が起こった。また，12世紀から15世紀の間の年代を示す砂丘堆積物は今のところみつかっておらず，その時代には砂丘活動が不活発であったことが考えられる。

　鳥取砂丘で推定される過去1,000年間における数十年スケールの砂丘発達パターンは，冬季モンスーンの変動と関連している可能性がある（図9-9）。上記の通り，鳥取砂丘では10〜12世紀の活動期，12〜15世紀の砂丘休止期，15〜17世紀の活動期（陸側付加），18世紀の海側付加，19世紀の陸側付加が認められている。ここで海側付加は，海浜により多くの砂が堆積し，砂丘地が海側に拡がったことを示すが，同時に陸側付加が起こっていないため，18世紀には，砂を陸側へと運搬する冬季モンスーンが相対的に弱まり，砂の運搬が海岸近くにとどまったと考えられる。中国の気温や降塵頻度の記録は，15〜17世紀と19世紀は，18世紀よりも寒冷で冬季モンスーンが強まっていたことを示唆してい

る。15〜19世紀は小氷期と呼ばれ，その前の中世の温暖期に比べて世界的に寒冷化していた時期である。そうした世界的な気候変化の応答として東アジアの冬季モンスーンが変動し，鳥取砂丘の発達に大きな影響を及ぼしていたと考えられる。

　鳥取砂丘での砂丘活動が活発になった15世紀以降は，日本列島全体で海岸砂丘の活動が活発であった。海岸砂丘は中世の温暖期には植生があり固定されていたものの近世で飛砂が激しくなり，17世紀以降に防砂林構築の必要性が高まったと考えられている（立石，1974）。近世以降に飛砂が増加し防砂林が構築された理由として，戦国時代の戦火による海岸林の荒廃や，後背地のラグーンにおける新田開発など，人的な要因が定説である（立石，1974）。しかし，浜坂砂丘では20世紀まで植林などが成功しておらず，冬季モンスーンの変動と砂丘の形成とが上記の通り強く関連していると考えられる。一方，中世以降の中国山地では近世に鉄穴流しと呼ばれる砂鉄採取のために花崗岩類の掘り崩しのため，流域では大量の土砂流出が発生した。鳥取砂丘が位置する千代川流域では大規模な鉄穴流しは行われてこなかったが，近世における土地利用の変化が土砂供給を増加させ，砂丘の成長につながった可能性も否定できない。

（田村　亨）

9-4　砂丘列と丘間低地

　鳥取砂丘では砂丘列が規則正しく配列する。なぜ丘間低地の空間に砂丘列が発達しなかったのであろうか。第1砂丘列と第0砂丘列，両者間に広がる丘間低地の地形と地下構造を詳しく調べることで考えるきっかけとした。

　口絵4-5に示すように，砂丘列の峰部の間隔は，第0砂丘列〜第1砂丘列〜第2砂丘列で700〜800mと一定間隔である。第0砂丘列は，千代川河口部右岸側に位置し（口絵4-1，a-a'），砂丘列発達の

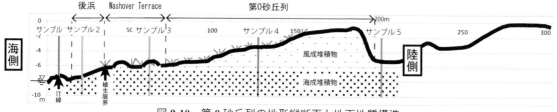

図9-10　第0砂丘列の地形縦断面と地下地質構造

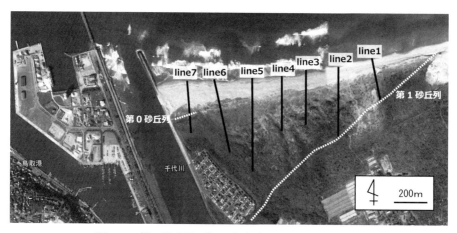

図9-11　第0砂丘列〜第1砂丘列にかけての調査測線

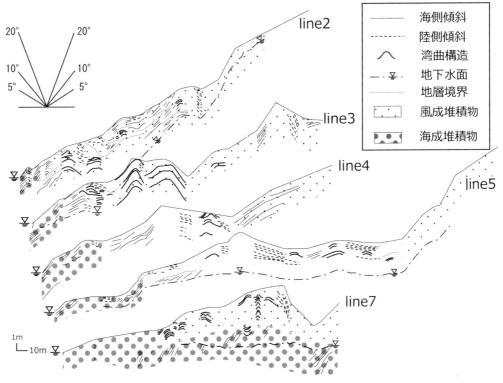

図 9-12　海浜から砂丘列にかけての地形・堆積構造断面

　初期段階の地形である。千代川河口部が賀露港であった 1968 年の空中写真には，すでに第 0 砂丘列の原型（長さ 600 m・奥行き 170 m ほど）が認められた。千代川河口部の付け替え工事に伴い，その大部分が人工改変を受け，特に千代川の新河道部に位置した第 0 砂丘列は消失した。その後，新千代川河口部の東側，ほぼ同じ位置に長さ 150 m，奥行き 100 m の第 0 砂丘列が回復した（梅本・小玉，2014）。

　地形断面測量とハンドボーリングより描いた第 0 砂丘列の地形地質構造を図 9-10 に示す。第 0 砂丘列は非対称形を示し，海側斜面が緩く，内陸側に比高 5 m の滑落斜面をなしている。堆積物の粒度特性から判断して，海抜 2 m までは海浜堆積物があり，その上に風成砂がのり，横列砂丘を形成している。

　次に第 0 砂丘列から第 1 砂丘列の間がどのような地形であるかをみよう。地形測量と GPR 探査（GIIS 社製 SIR-3000，アンテナ 270MHz）を実施した（図 9-11）。その結果を図 9-12 に示す。

　堆積構造には，3 種類の特徴的構造が認められた。つまり，海側傾斜，陸側緩傾斜，上に凸型の湾曲である。前者 2 つは波の作用（前浜と，後浜の washover）による堆積構造と，上に凸型の湾曲は，ドーム砂丘などの風成作用による堆積構造と判定した。丘間低地が広がる line4 〜 line5 にかけては，陸側緩傾斜の地形（浜堤列）およびその堆積構造が，標高 6m 前後に広がっていることがわかる。ここには湾曲した風成の堆積構造が含まれるものの，washover 作用により侵食され，砂丘の形成に至らなかった。つまり波浪作用が卓越する空間と理解される。このように海岸における砂丘列の発達には，波浪作用と風成作用のせめぎ合いを考慮する必要がある。　　　　　　　　　　　　　　　　（小玉芳敬）

第10章

砂丘遺跡・遺物からみた人々の暮らし

10-1 直浪遺跡からみた砂丘遺跡の形成過程

　一般に，海岸砂丘は，寒冷な海退期に飛砂が増大して拡大する一方，温暖な海進期に草原化することで固定化し，人間活動の舞台となって，クロスナ層が発達することが知られている。クロスナ層とは，植物由来の微粒炭が多量に含まれ，それに有機物が吸着することで黒褐色を呈するようになった土壌化した砂層である。列島規模で大まかに見ると，縄文時代中期〜弥生時代の旧期，古墳時代〜奈良時代の新期の2時期が顕著である（豊島・赤木，1965；遠藤，1969；井関，1975）。このことは，海岸砂丘が過去の環境変動により拡大と停滞を繰り返したことを示すが，その変遷と砂丘において展開した人間活動の痕跡をともに検討することにより，環境と人間の相互関係史の一端を追求することができる。

　山陰の砂丘における標準的な層序は，鳥取市白兎身干山遺跡（図10-1）における露頭や出土遺物が重要な年代的手がかりを提供してくれる（豊島，1975；久保，1981；小谷，1984）。ただし，すべての遺跡に一般化できるわけではなく，遺跡の立地や規模によって，クロスナ層ができる時期や継続期間に違いがある。海水準変動のような地球規模の現象を背景にしつつも，地域的には様々な差があり，そこに住まう人々の対応によっても違いが出てくる。ここでは，鳥取砂丘東部の福部砂丘に位置する直浪遺跡を題材に，その形成過程をみてみよう。

1）直浪遺跡における層序と形成時期

　直浪遺跡は，福部砂丘のほぼ中央部に位置する（図10-2）。その南側には，戦後間もない頃まで旧潟湖と考えられる湯山池が存在していた。また，江戸時代中期以前まで，塩見川の河口付近も旧潟湖の細川池が存在していたから，遺跡は広い内水面のほとりに営まれていたと考えられる。

　これまでの発掘調査によって，直浪遺跡では少なくとも3層のクロスナ層が存在することが判明した。上層から第1クロスナ層，第

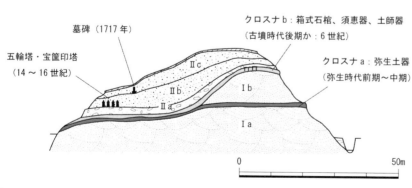

図 10-1　白兎身干山遺跡の層序　　豊島（1975）を一部改変。

2 クロスナ層，第 3 クロスナ層と命名している。各クロスナ層の間には遺物をあまり含まない褐色砂層が介在しており，人間活動の活発なクロスナ層形成期と，不活発な褐色砂層形成期が交互に存在すると考えられる（口絵 7-1，図 10-3）。第 3 クロスナ層以下の層は充分に調査できていないため，さらに別のクロスナ層が存在するのかどうか不明だが，砂層の下にはクロボク層が存在し，縄文時代の遺物が出土している。クロボク層は，主に 5 万年前以降に噴出した大山火山灰のローム層を母体に，縄文時代が始まる完新世に形成された土壌である。したがって，直浪遺跡では，砂丘がまだ発達せず砂の堆積がない段階，砂丘が発達した後，少なくとも 3 度のクロスナ層が形成される段階，と多様な時期の人間活動を検討できる。

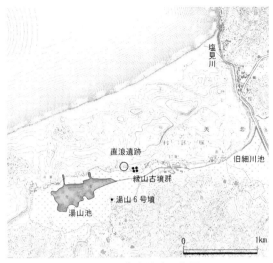

図 10-2　直浪遺跡の位置
陸地測量部「細川」をもとに作成。

　まず，調査地点にまだ砂層が及んでいない時期からみていこう。クロボク層の生成年代は，土壌中の有機物によって放射性炭素年代（以下，^{14}C 年代）を測ると，およそ 5,500 年前である（5,510 ± 30y. cal.BP）。これは，考古学的には縄文時代前期末に相当する年代で，縄文海進をもたらした温暖化がピークを過ぎ，寒冷化に転ずる頃にあたる。そして，そのクロボク層に張り付くようにして出土した土器片は，縄文時代中期初頭～前半のものであった（高田・中原，2015）。これ以降，時期が判明するものでは中期末～後期初頭（およそ 4,400 年前），後期中頃の土器が散見できる。中期の土器の一部は砂層からも出土するので，砂丘発達の起点を縄文時代中期のうちに置くことができる。一方，後期後半の遺物は多くなく，後期末（付着炭化物の ^{14}C 年代は，3,390 ± 20y.cal.BP）よりも新しい時期の縄文土器の存在は明確でない。したがって，直浪遺跡ではおよそ 5,500 年前に人類の活動が始まったが，1000 年ほど経つうちに砂丘の拡大が始まり，さらに 1,000 年経つうちに生活を行うには不適な環境へと変化していった，と考えられる。なお，同様な傾向は天然記念物指定範囲内の鳥取砂丘で採集される土器にも当てはまり，縄文土器は中期段階のものが多く，後期に下るものは不明瞭だ（高田，2017）。

　また，石器には，扁平な円礫の両端を打ち欠いた漁網用の石錘とそれとセットになる軽石製の浮子が目立つ，残念ながら，魚骨や貝殻は出土していないが，漁労活動が盛んに行われていたと推測できる。

　縄文時代後期末～弥生時代前期の様子は判然としない。湯梨浜町長瀬高浜遺跡や，上述の白兎身干山遺跡では，弥生時代前期～中期初め頃の遺物があり，水稲農耕文化の初期段階に砂丘が生活の拠点になったことが窺える。これは，砂丘の後背湿地が初歩的な水田経営に適した条件を備えていたからと考えられるが，直浪遺跡の場合には湿地というよりは水域が広がっており，水田を開く余地が少なかったために居住地として選択されなかったのかもしれない。

　しかし，やや遅れて弥生時代中期中頃（およそ 2,300 年前）にはまとまった量の土器が出土している（付着炭化物の ^{14}C 年代は，2,270 ± 20y.cal.BP）。これらは第 3 クロスナ層に帰属し，砂丘が固定化された時期を迎えたと言える。第 3 クロスナ層中に含まれるプラント・オパール（植物珪酸体）分析によると，温暖な気候の指標となるササ類（メダケ節型・ネザサ節型）が多く，水辺に生えるヨシ属が存在す

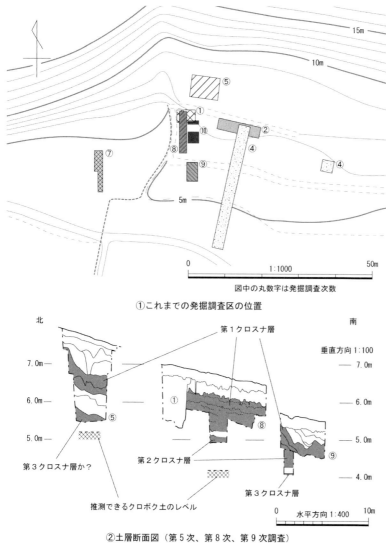

①これまでの発掘調査区の位置

図中の丸数字は発掘調査次数

②土層断面図（第5次、第8次、第9次調査）

図10-3　これまでの発掘調査の概要

ることから，相対的に温暖湿潤な気候のもとで草原化した環境であったことが窺われた。

安定した厚さを持つ第2クロスナ層からは，弥生時代後期後半〜終末期（2世紀後半〜3世紀前半）の遺物が多数出土する。この時期は，山陰を代表する二つの遺跡，妻木晩田遺跡（米子市・大山町）と青谷上寺地遺跡（鳥取市）が最盛期を迎える時期でもある。日本海沿いに様々な交易・交流活動が盛んになり，海岸部に拠点的な遺跡が形成されることが知られている。直浪遺跡も，その立地を考慮すると，港のような役割を担ったと考えられる。また，プラント・オパール分析では，第3クロスナ層よりも温暖要素のササ類が減るので，やや気温が低下した可能性があるものの，イネが検出されており，近くに水田があった可能性がある。ヨシ属も多いことから，基本的には温暖湿潤な環境だったと考えられる。

第2クロスナ層の上部には，暗褐色砂層が堆積しているが，ここではスナガニのものと考えられる生痕が見られる。その暗褐色砂層の上には明るい褐色砂層が堆積しており，ここからは遺物がまったく出土しない。このような層序から，次のような環境の変化が推測できる。すなわち，弥生時代終末期まであった人間活動がなんらかの理由で減少し，スナガニの生息場所に変化した。この段階ではまだ植生があるようだが，巣穴を覆ってしまう上層は，有機物の影響が少なく，砂丘砂本来の明るい褐色を呈する。はたして，プラント・オパール分析の結果でも産出量自体が少なく，植生が薄い状況が窺われた。古墳時代前期（3世紀後半〜4世紀）に相当する時期には，砂に覆われ，この場所では人間の活動がいったん停止してしまうと考えられる。

最も厚く，多量の遺物を包含するのが第1クロスナ層である。全体の厚さは60〜70cmほどあり，第2クロスナ層の2倍以上ある。出土遺物から見ると，古墳時代前期末〜後期末（4世紀末〜6世紀末）

のおよそ 200 年間の堆積と考えられる。上部になるほど遺物量も増えるので，古墳時代前期末以降，徐々に人間活動が増えていく様子を反映していると考えている。

　破片資料が多いこともあって，最盛期がいつかという判断は難しいが，碗形の土師器高杯の破片が多いことに注意できる。ベンガラと考えられる赤色顔料を全面に塗っており，暗文と呼ぶヘラ状の工具で土器の内外面を磨いてつけた文様が認められる。このような土器は古墳時代中期前半に出現するが，当初は暗文が密に施されて丁寧な作りなのに対して，時期を追うごとに作りが粗雑になる傾向がある。第 1 クロスナ層出土の土師器の中には，かなり粗いものも散見されるため，古墳時代中期末（5 世紀末～ 6 世紀初頭）以降と考えられる。一方，須恵器では，古墳時代後期後半（6 世紀後半）以降のものが目立つ。第 1 クロスナ層の最上部では，6 世紀末～ 7 世紀初頭の須恵器が出土しているので，第 1 クロスナ層に含まれる人間活動は，古墳時代中期～後期に及びつつ，後期が中心的な時期と言ってよい。

　半世紀以上前の調査で，遺物の多くが行方不明のため，詳細な検討はできないが，直浪遺跡に近接した丘陵上で，古墳時代後期のものと推測される縁山古墳群が知られている（大村ほか，1958 ～ 59）。この時期に直浪遺跡を中心に，砂丘地に生活拠点を置いた人々がいたことを示す。

　プラント・オパール分析によると，第 1 クロスナ層の最上部では，極めて多量のイネのプラント・オパールが検出された。それは，実際に稲株が植わっている水田に匹敵する量（9,600 粒 /g）だが，砂地で水田を営んだとは考え難いから，畑作によるイネ栽培（陸稲）を考慮する必要がある。これまでの発掘調査では畑の畝や耕作跡などを見出すことはできていないので，実証は今後の課題だが，開墾によって砂丘開拓が進んだ可能性があろう。

　第 1 クロスナ層の上には，明るい褐色砂層が存在し，一見現代の砂丘砂と変わらないが，その中からは奈良時代～平安時代（8 世紀～ 12 世紀）の土器片や漁網用の土錘が多量に出土する。この時期にも漁労活動を中心とした生活がこの付近で営まれていたと考えられる。ただし，それ以前のような明確なクロスナ層を形成しない理由はよくわからない。同じ時期の長瀬高浜遺跡や博労町遺跡（米子市）では，クロスナ層が形成されて畑が営まれている（牧本ほか，1999；濱野ほか，2011）。人間活動によって植生の繁茂が阻害された場合，微粒炭が存在してもクロスナが形成されない場合があるようなので（山野井・伊藤，2007），畑以外の活動を考えうるのかもしれない。この点も今後の調査課題である。

2）平野の遺跡と砂丘の遺跡の関係

　鳥取砂丘の砂は千代川流域の河川が運搬してきたものであり，砂丘は地理的にも時間的にも流域流砂系の末端に位置する（第 2 章参照）。そして，砂丘遺跡は，その系の歴史的変化を記録していると考えられる。つまり，流域流砂系にいつ砂が供給されたか，あるいは逆に供給されなかったか，ということが砂丘遺跡の形成メカニズムにかかわっている。このことは，この系の途中段階に位置する平野の遺跡にも反映されているはずなので，砂礫がいつ，どのように堆積しているか，という観点で平野の遺跡をみよう。

　鳥取平野で発掘調査が行われた遺跡の立地を分類すると，河川の乏しい小規模な谷底平野（A），比較的流量が豊富で，土砂運搬が活発な河川が存在する谷底平野（B），平野中央のデルタ（C）の 3 類型が存在し，それぞれの代表的な遺跡として A に桂見遺跡（牧本・小谷，1996），B に本高弓ノ木遺跡（下江・濱田，2013），C に岩吉遺跡（谷口・前田，1991）がある。各遺跡における堆積層の変化について，詳細な観察は別稿（高田，2015）に譲り，ここでは，各遺跡で砂礫が活発に堆積する時期を抽出して整理しよう（図 10-4）。

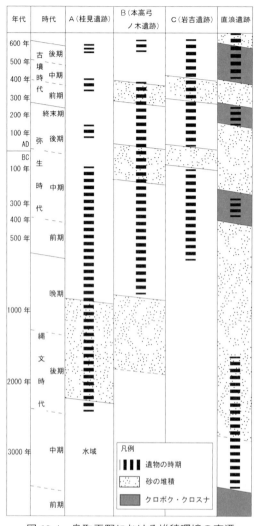

図10-4　鳥取平野における堆積環境の変遷

まず注目できる画期として，Aにおいて縄文時代中期末頃まで海域（潟湖）だった場所が，およそ3,500年前の後期中頃以降に多量の砂礫の堆積によって埋没していくことが挙げられる。砂礫の堆積は後期末頃まで続くようだ。

やがて，砂礫の堆積が一段落すると，AやBで突帯文土器という縄文時代最末期の土器が出土する。本高弓ノ木遺跡では，近年の重要な調査成果として，この突帯文土器にイネをはじめ，アワ，キビなどの穀物種子が伴うことが明らかになった。また，この突帯文土器の最新相（およそ2,400年前）のものは，初期の弥生土器が伴うことも判明し，縄文系の土器文化を持つ人々が，稲作文化を受容して穀物栽培を始めた姿が明らかにされたのである（濵田，2013）。これ以降，弥生時代中期中頃までは穏やかな堆積環境のもと湿潤低地が広がっていたと考えられ，遺跡がCのデルタ地帯にも拡大する。岩吉遺跡では，この時期には砂礫の堆積はほとんど見られず，シルトや粘土の基盤の上に遺跡が築かれている。

この状況が変わるのは，弥生時代の中期後半である（紀元前1世紀頃）。本高弓ノ木遺跡では，この時期に溝などが砂礫で埋まり，これ以前と以後で断絶がある。岩吉遺跡でも，厚い砂礫堆積の上に後期初頭（1世紀前半）の土器が出土するので，その前段階に洪水などによって多量に砂礫が運ばれたと考えられる。

その後，弥生時代後期～古墳時代前期までの間，岩吉遺跡では水田が営まれている。本高弓ノ木遺跡では水田の状況はわからないが，四隅突出型墳丘墓と考えうる盛土が検出され，溝を埋め戻す行為などの活動が活発に認められる。

　古墳時代前期になると，本高弓ノ木遺跡では，河川の水勢を弱める機能を担った木と石や土のうを用いた治水施設が修復を重ねながら作り続けられている。古墳時代前期に河川制御が必要な状態にあったことが窺われる。一方，岩吉遺跡では，古墳時代前期前半に営まれていた水田が埋没し，再び厚い砂礫が堆積した。河川跡と考えられる部分の砂礫層からは古墳時代前期末の土器が出土するので，この頃に砂礫の供給が盛んになったと考えられよう。この状況が収まり，シルトや粘土が堆積する低湿地の環境に戻るのは，古墳時代中期後半で，岩吉遺跡では，後期にも人間活動が継続するが，本高弓ノ木遺跡では，古代までいったん途絶える。

　以上をまとめると，鳥取平野の遺跡から把握できる砂礫供給が旺盛な時期は，縄文時代後期後半，弥生時代中期後半，古墳時代前期後半の3回である。それぞれの中間期には低湿地環境が広がって，平野で広く水田が営まれたと考えられるが，それらは直浪遺跡でクロスナ層が形成される時期と概ね一致し

ている。すなわち，弥生時代中期中頃の第3クロスナ層，弥生時代後期後半〜終末の第2クロスナ層，古墳時代中期〜後期の第1クロスナ層である。これに対して，砂礫堆積が進んだ時期には，砂丘が発達し，クロスナ層に介在する褐色砂層が堆積したと考えられる。平野の土地環境の変化と砂丘遺跡の形成過程は連動しており，砂丘遺跡の追究は，平野の歴史をつかむ場合にも重要な手がかりになると言えよう。

　砂丘は，いつでも常に利用可能な土地ではないが，環境の変化によって，時々利用可能になるという性格を持っていた。環境の変化は，既存の適応状態を突き崩す「危機」でもあったが，新たな文化を生み出す「好機」にもなった。砂丘という変化に富んだ土地を柔軟に利用することによって，私たちは多様な活動を展開させてきた。砂丘遺跡は，その具体像を物語る貴重な歴史遺産なのである。

（高田健一）

10-2　遺物からみた人々の暮らし

1）砂丘遺跡における生業

　鳥取砂丘をはじめ，県内に分布する北条砂丘や弓ヶ浜などの砂地に立地する遺跡においては，古くから建物の跡や土器や石器などがみつかっている。ただ，現在の鳥取砂丘のような砂一色のイメージが強いせいか，そこで人々がどのような暮らしをしていたかは想像がつかないかもしれない。しかし，砂丘地に残された遺構や遺物を手掛かりにすれば，そこで多様な人間活動が行われていたことがある程度わかる。

　ただ，残念ながら鳥取砂丘の中でも国立公園や天然記念物となっている浜坂砂丘内では発掘調査が行うことができない。採集などで得られた遺物からだけでは，具体像を描き出すことはなかなか困難である。そこで，県内の砂丘地やその周辺に分布する遺跡の調査から出土した資料をもとに，実際に砂丘地でどのような活動が行われていたかを具体的にみていきたい。

【①狩猟，漁労】　砂丘やその周辺の遺跡からよくみつかっているもので，生業を示すものの代表例は石鏃や石錘といった狩猟や漁労の道具である。石鏃は，大きさが2cm程度，厚さが3mm程度のもので，矢柄に挟み込む部分が凹形になっている凹基式と呼ばれるタイプのものである（図10-5）。このタイプは，縄文時代によくみられるものである。石材としては，黒曜石，サヌカイト，珪質頁岩などが使われている。

図10-5　石鏃

　石錘は，漁労用の網のおもりで，縄文時代〜古墳時代によく使われていたものである。網にくくりつけた時に外れにくくする工夫として，その両端を打ち欠いたタイプや真ん中部分に溝を一周させるタイプなどがある（図10-6上）。大きさは，大きいもので長さ8cm程度，幅6cm程度であり，厚さは1.3cm程度である。角が取れて丸くなった礫を素材としていて，石材は様々である。

　弥生時代以降は，土錘も出土するようになり，古代になると石錘にかわって土錘が主体的に使われるようになる。土錘は粘土を管状に成形し，中に紐を通すタイプである（図10-6下）。土錘は江戸時代のものまで確認されていることから，漁労活動は比較的新しい時代まで続けられていたことがわかる。また，釣針もみつ

図10-6　石錘・土錘

図 10-7　動物遺体（栗谷遺跡）

図 10-8　敲き石・磨り石・石皿

かっているので，網漁だけでなく，釣漁も行われていたことがわかっている。

　それでは，具体的にどのような動物を狩猟や漁労の対象としていたのだろうか。遺跡の調査をすれば，動物の骨が出土することがある（図 10-7）。それらをきちんと鑑定することで，種類だけでなく，その動物の大きさや年齢などがわかる場合もある。鳥取県内の遺跡には，それらが出土しているところがいくつかある。

　鳥取砂丘ではその手掛かりはまだ得られていないが，近隣の遺跡から出土している。鳥取市直浪遺跡から南東へ 3km ほど行ったところにある栗谷遺跡からは，縄文時代晩期の動物骨がみつかっている。直浪遺跡と同じく栗谷遺跡も福部町にあった細川池という潟湖に面していた遺跡である。ほ乳類ではシカ，イノシシ，魚類ではクロダイ，フグが出土している（井上，1989）。

　また，他の遺跡としては，米子市目久美遺跡からは，縄文時代前期のものがみつかっている（小原ほか，1986）。ほ乳類ではシカ，イノシシの他，イルカ・クジラ類など，鳥類はオシドリ，タンチョウヅルなどがある。魚類はマダイ，クロダイ，スズキ，ウマヅラハギ，ブリ，マグロが出土している。

　弥生時代のものでは，鳥取市青谷上寺地遺跡から多量にみつかっている。すべてが狩猟によって捕られたものかは，明らかではないが，ほ乳類では，イノシシ，シカをはじめ，ノウサギ，イルカ・クジラ類など 20 種類，鳥類はカモ類やキジなど 20 種類である。また，魚類はマダイ，クロダイ，マグロなど 11 種類である（井上，2007）。古墳時代以降の資料は，あまり出土例がなく不明な部分が多いが，概ねこのような動物たちが狩猟や漁労の対象となっていた。これらをみると，鳥取では今はみられなくなった動物もおり，マグロのような外洋魚やフグのように調理の難しい魚まで縄文時代から捕られて食べられていたことがわかる。

【②植物採集】　狩猟や漁労の他，堅果類などの植物種子の採集も行われていた。遺跡からは，堅果類の殻を割るための道具である敲き石とすり潰して粉状にするために使われた磨り石，石皿が出土している（図 10-8）。

　食用となっていた植物種子としては，カヤ，オニグルミ，クリ，コナラ，トチノキ，ハス，ヒシなどが県内の遺跡から出土している（図 10-9）。栗谷遺跡では，採取した植物種子の貯蔵施設がみつかっている（谷岡ほか，1989b）。虫害の防止やすでに虫に食べられているものを判別するために水漬けしておく工夫をしていたことがわかる。

　また，デンプン質の実以外にもヤマブドウやサルナシ，カジノキ，ヤマグワ，イチゴ類など液果類の種も出土がみられる。そのため，これらも食用とされて採集されていたと考えられる。

【③農耕】　現在でも，砂丘地は農地として広く活用され，ネギやラッキョウ，ナガイモなど様々な畑作物が栽培されている。遺跡の状況からみると，中世になると，農耕技術の発達に伴い，大規模な畑をつ

くり，耕作を行っている。北条砂丘に立地する長瀬高浜遺跡では，9 世紀後半～ 12 世紀のものと 12 世紀末～ 15 世紀にかけてのものの 2 時期の畑が検出されている（西村ほか，1983；牧本ほか，1999）。また，弓ヶ浜半島の付け根部分に立地する博労町遺跡，錦町第 1 遺跡（米子市）では，11 世紀後半～ 14 世紀のものが検出されている（図 10-10，濱野ほか，2011）。以降，近世には綿栽培用の「綿井戸」が掘られるなど，農地としての利用が継続していく。

　これらの畑でどのような植物を栽培していたかの手がかりとしては，種実遺体や花粉，イネ科植物などに含まれているプラント・オパール（図 10-11）がある。種実では，イネ，コムギ，オオムギなどムギ類，ヒエ，ウリ，アサが出土しており，花粉ではイネ属，ソバ属など，プラント・オパールでは，イネ，キビ属（アワ，ヒエ，キビなどの雑穀の可能性）が検出されている。これらのことから，畑であっても畑作物だけでなく穀物の栽培も行っていたことがわかる。直浪遺跡からもイネやキビ属のプラント・オパールが検出されている。そのため，鳥取砂丘周辺においても，畑などの農耕の証拠が今後みつかる可能性は充分にある。

　また，別の手がかりとしては，土器に植物種子の圧痕がついている場合がある。分解されてなくなってしまうことの多い植物種子であるが，圧痕だと年月がたってもそのままであり，土器から時代もわかる。現状，砂丘周辺の遺跡ではまだあまり検討が進められていないため，今後の発見に大いに期待できる。

【④その他の生産活動】　食料獲得にかかわる活動以外には，様々な道具つくりの跡がみつかっている。長瀬高浜遺跡では，弥生時代前期の玉作り工房跡が検出されている。製作されていたのは主に管玉である。素材としては，主に碧玉・緑色凝灰岩が使われていた。原石 → 荒割 →形 割 → 研磨 → 穿孔 → 仕上げの各製作段階の遺物が出土しており，

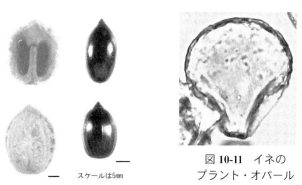

図 10-9　植物種子
（栗谷遺跡）

スケールは5mm

図 10-11　イネの
プラント・オパール

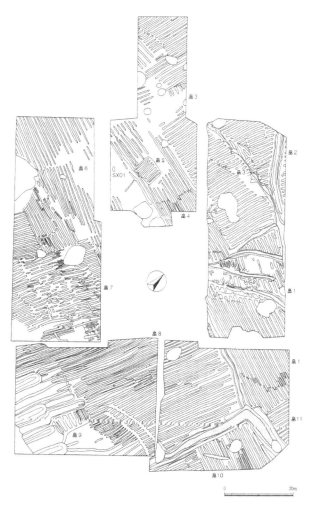

図 10-10　博労町遺跡の畑跡

当時の玉作りの工程を知ることができる。穿孔には瑪瑙製の石錐が使われていた（西村ほか，1983）。

玉作り関連の遺物とともに，サヌカイトや黒曜石の剥片も出土していることから，石鏃も製作していたと考えられる。玉類や石鏃の石材は，遺跡の周辺では採取できないものばかりであり，他地域との交流によって手に入れていたこともわかる。

2）まつりごと，葬送の場としての砂丘

前節では，主に生産活動についてみてきた。砂丘地はそれら以外にも様々な活動の場として使われていたようである。本節では，それらについても紹介していきたい。

【①まつりごと】　地盤が砂地であることから，あまり建築物を建てるのには向いていないように思われるかもしれないが，多くの竪穴住居や掘立柱建物も検出されている。中世の畑跡がみつかっている長瀬高浜遺跡や博労町遺跡は古墳時代からの大規模集落として著名である。

長瀬高浜遺跡からは，古墳時代前期〜中期の竪穴住居 262 棟，掘立柱建物 63 棟，井戸が 12 基みつかっている。これらはすべてが同じ時期のものではないが，かなり多くの人が暮らしていたことがわかる。遺物も畿内の影響を受けた土器や丹後地方から持ち込まれた土器，鉄製品，鍛冶関連遺物，鏡，玉類，石製模造品などが出土している。博労町遺跡では，弥生時代終末期〜古墳時代前期の掘立柱建物 1 棟，竪穴住居 29 棟，土坑 2 基，大型溝状遺構 1 条などがみつかった。遺物には，一般的な土師器の他，鏡や異形勾玉など玉類，石製模造品，舟形土製品などがある（図 10-12，牧本ほか 1999；濱野ほか，2011）。

これらの遺構や遺物からみると，長期にわたって多くの人々が生活しており，広範囲の交流を行っていたといえる。また，鏡のように特別な遺物もあるほか，鍛冶技術のように高度な技術を有していたこともわかる。そのため，これらの遺跡は，地域の中心的な集落であったと考えられている。

これらの遺跡では，古代においても，それぞれの地域の政治を行う場所としての機能を担っていた。長瀬高浜遺跡からは，庇付掘立柱建物を含む掘立柱建物が 7 棟，柵列 3 列，整地遺構や溝状遺構などがみつかっている。特に庇付の掘立柱建物は一般的な集落ではあまりみられず，特別な機能を担っていた場所と考えられている。遺物では，赤彩土師器，墨書土器，緑釉陶器，銅製帯金具などが出土している。銅製帯金具は，貴族や役人が身につけていた銙帯（かたい）と呼ばれるベルトの金具である（図 10-13）。これらの遺物は彼らの存在を裏づける資料と言える。これらのことから，長瀬高浜遺跡は，官衙関連施設であったと考えられている（牧本ほか，1999）。

また，博労町遺跡からは，庇付掘立柱建物を含む掘立柱建物 55 棟，柵列 5 列，竈や鍛冶関連遺物廃棄土坑などがみつかっている。遺物では，墨書土器や硯，銅製や石製の腰帯飾りが出土している。これらのことから，博労町遺跡は会見郡内の郷家またはその関連施設の可能性が指摘されている（濱野ほか，2011）。

【②葬送の場】　砂丘地は，生活の場であっただけでなく，墓地としての利用もみられる。鳥取砂丘でも，福部砂丘に位置する縁山古墳群などの古墳が築かれている。中世には，五輪塔が築かれていたようであるが，砂の中に埋もれてしまったものが多い。福部町湯山には，砂中に埋もれていた五輪塔が農業基盤整備工事の際にみつかり，それらが集められている場所がある（口絵）。その他，末恒砂丘にある白兎身干山遺跡でも，砂採りの際に宝篋印塔や五輪塔がみつかっているほか，ここでは，近世の墓石もみつかっている。2011 年には，浜坂砂丘において，近世〜近代に埋葬されたと考えられる人骨がみつかった。これらは，新聞やテレビで報道され，話題となった（朝日新聞社，2011）。

長瀬高浜遺跡では，弥生時代前期〜中期の土壙墓群，古墳時代中期中葉〜後期には長瀬高浜 1 号墳を

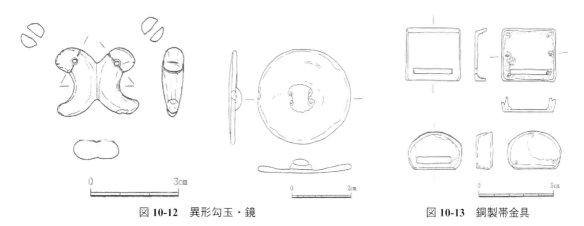

図 **10-12**　異形勾玉・鏡

図 **10-13**　銅製帯金具

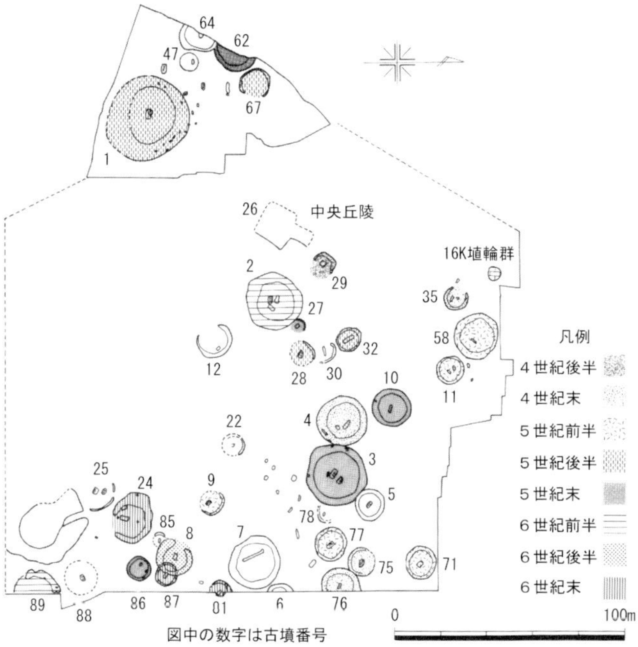

図 **10-14**　長瀬高浜古墳群
牧本ほか，1999 を改変。

凡例
4 世紀後半
4 世紀末
5 世紀前半
5 世紀後半
5 世紀末
6 世紀前半
6 世紀後半
6 世紀末

図中の数字は古墳番号

中央丘陵

16K埴輪群

はじめとした古墳群が築造されている。この古墳群は大規模なもので，現状で方形周溝墓 1 基，前方後方墳 1 基，円墳が 42 基確認されている。一つの古墳に複数葬られていることもあり，埋葬施設数は，箱式石棺墓 59 基，木棺墓 33 基，土壙墓 25 基，土器棺墓 4 基，円筒埴輪棺墓 13 基である。調査された範囲外にも古墳があると思われ，全体としてはさらに多くの古墳が築かれている（図 10-14）。中世にも土葬墓や火葬墓がつくられる墓地となっていた（牧本ほか，1999）。

　鳥取砂丘では，詳細な発掘調査は行えないため，現状では断片的なことしかわかっていない。他の砂丘地の遺跡の状況とあわせてみると，縄文時代から古代までは，狩猟や農耕，居住域や墓域など生活の場として，様々な活動が行われていたことがわかる。中世以降は，建物はあまりみつかっていないものの，耕地や墓域としての利用が継続していることから，引き続き生活の場として利用されていた。

　近世には，火縄銃やエンフィールド銃の銃弾が採集できることから，鳥取藩の軍事演習地として利用されていた可能性が窺える。また，幕末には異国船に備えて台場が建設されている。近代になると，陸軍歩兵第 40 連隊の演習地として使われ，38 式歩兵銃や 92 式重機関銃の銃弾が数多く採集されている。その後，演習地の範囲の一部は天然記念物に指定され，現在みられる鳥取砂丘の姿のまま保護され，今に至っている。それ以外の場所では，現在も変わらず，人々の生活の場となっている。

　鳥取砂丘には，まだまだみつかっていない遺跡が砂の下に埋もれている。今後調査が進めば，鳥取砂丘の利用史がより明らかになっていくはずである。　　　　　　　　　　　　（中原　計）

84

第11章
鳥取砂丘と文学・芸術

11-1　鳥取砂丘の景観と文化

　鳥取砂丘というと，目の前いっぱいに広がる砂，風紋，ラクダなどを思い浮かべる人が多いかもしれない。しかし，このようなイメージは，歴史の中で次第に形成されたものであり，これ以外にも様々な砂丘のイメージや描かれ方があった。

1）生活の場としての鳥取砂丘

　鳥取砂丘は，そこに住む人々にとっては，何よりもまず生活の場であった。岩美町生まれの俳人・阪本四方太（図11-1）は，幼い頃の暮らしを以下のように回想している。

　　　家の裏が藪で縁先は畠になって居る。海は砂山を越えて後ろにある。絶えずどうどうと浪の音が聞える。道といはず畠といはず砂ばかりで，駒下駄で歩いても音がせぬ。……我が家が砂畑の中の一軒家であったことは今でもよく覚えている。……松林を離れるとすぐ砂浜である。果てもない砂浜である。（阪本四方太「夢の如し」1909年）

幼い頃のある日，母がいないと泣いていると，祖父が磯でワカメを刈っている母のところまで連れて行ってくれた。

　　　自分は実はこの日の事については母の顔を見て飛上がる程嬉しかった外は何も覚えて居らぬ。……ただ，かかる覚束なき記憶の中で，春の磯にわかめを刈りつつ自分を迎えてくれた母の顔が，今に至るまで眼にありありと見える事を不思議に思うのである。

同じく岩美町出身の作家・尾崎翠は，砂丘で犬の散歩をする様子を，次のように描いている

　　　「太郎，太郎」／彼は細い忍ぶような声でペットを呼んだ。……ここは海辺の広い浜つづきの松林の中である。……彼の座っているのは，大きい波のうねりのように起伏している砂丘の襞になった部分だった。（尾崎翠「松林」1920年）

　　　また，明治時代の鳥取のガイドブックをみると，「鳥取付近の名勝旧跡」の項目に，「オウチダニ」，「吉方温泉」，「賀露港」などと共に，「浜坂遊覧」とあり，「実に三万有余鳥取市民の一大極楽園なり。貴賤老幼男女の一大運動場なり。」（鳥取市教育会編『鳥取案内記』1907年）と書かれている。地元の人たちが休日に出かけていく行楽の場だったことがわかる。鳥取砂丘は，鳥取に住む人々の生活に密着した場所だった。

図 11-1　阪本四方太
鳥取県立図書館提供。

図 11-2　「柳茶屋，摺鉢」（左）と「濱坂」（右）　　『稲葉佳景 無駄安留記』より。

2）景観の成立－〈白砂青松〉の浜としての鳥取砂丘

　鳥取砂丘の景観を楽しむまなざしも，古くからあった。江戸時代初期の因幡国の地誌『稲葉民談記』には，「（多鯰ヶ池北方に広がる砂の壁が）白砂皓々トシテ」「（緑色の湖水との対照が）詩風景に相似タリ」と書かれている。また，江戸時代後期から明治時代初め頃に書かれた米逸処著『稲葉佳景 無駄安留記』には，「大井古俗摺鉢　今大摺鉢小摺鉢と云昔池なりし由東浜の口 柳茶店の後の方なり 寛文年間迄池ノ形在之」（図 11-2）とある。砂丘には松が生え，釣りをしている人もいる。

　鳥取砂丘といえば松林というイメージは近代に入っても広くみられ，昭和初期に作製されたと思われる絵はがきをみても，スリバチに松が生えている。また，『鳥取案内記』にも「浜坂遊覧 白砂青松蒼海清流［……］波上乃白帆清流の扁舟砂浜の青松」とあり，見渡す限りの砂という現代における鳥取砂丘のイメージはまだなく，いわゆる〈白砂青松〉の浜として，鳥取砂丘の景観美が把握されていたことがわかる。これは実際に松が生えていたということに加えて，〈白砂青松〉が日本の伝統的な絵画における海辺のイメージであったこととも関係するだろう。江戸期の名所図会をみると，海浜の景観は，白砂，青松，海に浮かぶ小船，というイメージで描かれることが多い。鳥取砂丘のイメージの背景に，伝統的な美意識の型があったことがわかる。

3）全国的景勝地へ－観光旅行者のまなざし

　このような鳥取砂丘のイメージを変えたのが，鉄道敷設による観光旅行客の増加と海外芸術思潮の影響であった。1911（明治 44）年，鳥取・松江間に鉄道が開通すると多くの観光客が鳥取砂丘にやってくる。有島武郎の弟で，大正から昭和にかけて活躍した白樺派の作家・里見 弴は，砂丘のスケールに大きな感銘を受けた。

　　やがて沙漠というのへ出た。長汀七里，幅は広いところだと三里という話だったが，なるほど見渡す限りの砂浜は東海道あたりの海岸を見慣れた私たちにとっては，恐ろしくなるほど広漠たるものだった。……いきなり天とつらなって，際涯もないような，一望千里ともいえそうな景色だった。

（「世界一」1920 年）

　鳥取砂丘の景観が，これまでみた東海道のものとはまったく異なると里見は感じているが，鳥取砂丘の近くで生まれ育った阪本四方太もまた両者の違いを書き留めている。

図11-3　有島武郎
国立国会図書館「近代日本人の肖像」より転載。

日本海は海が荒い。海は絶えず大波が打つものといふ事も，こんな子供の時から深く頭に染込んで居る。須磨の浦や品川の海を見て，こんな海がと大に軽侮の念を生じたのも，全く海の観念が違つて居るからで……（「夢の如し」）

　異なる地域の異なる感性を持った人々の訪れによって，鳥取砂丘の描かれ方は変化してゆく。

　もう一つ，この時代に鳥取砂丘が注目された事件があった。それは作家・有島武郎（図11-3）の心中である。有島は1921（大正10）年に鳥取を訪れ「浜坂の遠き砂丘のなかにしてさびしき我を見いでけるかも」という短歌を残しているが，この1ヶ月後に雑誌記者であった波多野秋子と，軽井沢の別荘で心中する。鳥取砂丘で詠んだ歌が遺作として新聞に掲載され，自らの人生や愛する女性や家族のこと，死ぬことについて，有島が深く思いをめぐらせた場所として，鳥取砂丘が全国的に注目された。この4年後に発表された島崎藤村の山陰旅行記には「名高い砂丘」とあり，この頃には鳥取砂丘が全国的な名所となっていることがわかる。

　　その日の午前には，私達は名高い砂丘の方へも自動車を駆つて，長さ四五里にわたるといふ，この海岸の砂地の入口にも行つて立つて見た。黄ばんだ熱い砂，短い草，さうしたさびしい眺めにも沙漠の中の緑土のやうに松林の見られるところもあつて，炎天に高く舞ひあがる一羽の鳶が私達の眼に入つた。（島崎藤村「山陰土産」1927年）

鉄道が開通し，文学者や観光客が訪れ，鳥取砂丘は次第に全国的名勝地となっていく。

4）オリエンタリズム（東洋趣味）の流行と砂漠イメージ

　大正時代に入ると，欧米におけるオリエンタリズム（東洋趣味）の影響を受けて，鳥取砂丘も砂漠のイメージで描かれるようになってゆく。この時期に流行した童謡「月の砂漠」（加藤まさを作詞）は，「月の砂漠をはるばると　旅のらくだが行きました」で始まり，王子様とお姫様がラクダに乗って夜の砂漠を旅する世界を描き出した。哀愁を帯びたメロディとともに，現代に至るまで広く親しまれている。20世紀前半ごろに，白砂青松のイメージに加えて，砂漠のイメージでも鳥取砂丘が描かれるようになっていく。

　戦後，砂丘への植林が始まるが，バーナード・リーチや吉田璋也らによる保護運動もあり，1955（昭和30）年，鳥取砂丘は天然記念物に指定される。このことでさらに鳥取砂丘の景観は，日本の伝統的美意識とは断絶した美しさを持つものとして，多くの人々を魅了していった。

　鳥取県出身の漫画家・水木しげるの「地底の足音」（1963年）は，「八つ目村」に迷い込んだ鳥取大学の学生が，老婆に聞いた怪物の正体を確かめるべく砂丘の奥深くに踏み込んでいくと，砂の下に眠る村を発見するという物語である。砂の下に一つの町があるという物語は様々な地域にみられるが，砂の移動性がそのようなロマンを誘うのかもしれない。ここでの砂丘は，もう一つの世界への入り口となっている。

　また，安部公房の小説『砂の女』（1962年）は，現代人の生の不条理を，砂丘のなかの村を舞台に描き出す。具体的な地名は与えられていないが，取材で鳥取砂丘を訪れた安部は，砂の動きについて様々な事柄を学び執筆にあたった。

　水，火，太陽，月，樹木，土など，自然を構成する基本的な物質は，想像力の世界に深く関わってお

り，多くの民族が，こうした物質にまつわる神話を持っている。砂もまた，水や火や土と並んで，人間の想像力に深く影響し，様々なイメージや物語を生み出してきた。砂丘は，人間の想像力の世界，イメージの世界をはぐくむ，心の鏡であると言えよう。

（北川扶生子）

11-2　砂と想像力—砂の芸術史と植田正治

　鳥取県境港市に生まれ，鳥取にいながらにして世界に名を轟かせた写真家，植田正治。鳥取砂丘を好んで舞台とし，「演出写真」と呼ばれる独特なスタイルで知られる植田の革新性を，「砂」の表象の歴史から探ってみよう。

　なお，ここであえて「砂」と表記するのはヴィジュアル・カルチャーの性質のゆえである。描かれた「一面に広がる砂」は，砂丘であるか砂漠であるかは判別し難く，また砂丘を描いて砂漠を表現するような場合も考えられる。したがって砂丘に限定せず広く「砂」を扱わざるを得ないのだが，砂が支配する特殊な風景に対して人間が与えてきた表象の長い蓄積を概観していきたい。

1）砂はどのように描かれてきたか？

【①15〜18世紀—宗教画と風景画における砂】　砂のイメージのまとまった現れは，少なくとも15世紀，すなわちルネサンス期には確認できる。「荒野の聖ヒエロニムス」「荒野の聖フランチェスコ」のように，聖人と荒野（砂漠）という宗教画の画題がある。聖人を描く舞台として，必然的に，文明以前を示す風景が導入されるのである（口絵8-1a）。

　時代を下って17世紀頃になると，この頃に北欧で発生した風景画のジャンルにおいて，砂の景色が現れる。こちらは厳しい荒野とちがって，生活に近い，牧歌的な砂丘風景である。

【②19世紀ゴヤとオリエンタリズム】　19世紀初頭のスペインに登場するフランシスコ・ゴヤは，よく砂を描いた。最晩年のシリーズ「黒い絵」において，ゴヤは，抗いがたい現実，人間の業などを描く舞台装置として砂を積極的に用いた（口絵8-1b）。

　また同時代，オリエント，すなわち西洋からみたエキゾチックな東洋を描くオリエンタリズムの流行の中で，砂漠風景が多く登場している（口絵8-1d）。西洋的な文明生活との差異を強調する，イデオロギーを砂が象徴するのである。

【③1900〜1940s—シュルレアリスムと抽象】　いわゆる戦前期，理性の世界を無意識に着目することで改革しようとしたシュルレアリスムが最高潮を迎える。その中で，とくにサルヴァドール・ダリとイヴ・タンギーらの作品において，反理性の表象として一面の砂のイメージが頻出する（図8-1c）。砂と地平線というシュルレアリスムの定番構図は日本でも盛んに描かれている。

　一方で，造形的な観点で砂を扱った作品もこの時期に登場している。とりわけ写真家のエドワード・ウェストンは，抽象的な「粒子の集合」として，レンズを通して砂漠を精緻に描き出した。

【④1940s〜1965—ドキュメンタリーと戦後の影】　「秘境探検」的なドキュメンタリーとして描かれる「砂」は，戦後における砂の表象の特徴である。例えばディズニー映画『砂漠は生きている』（1953年），映画『アラビアのロレンス』（1962年）などは，いずれも過酷でリアルな砂を強調する。同時期，日本で生活風景としての砂丘をよく撮っている小関庄太郎は特筆すべき写真家である。

　美術史上は，未だ世界的にシュルレアリスムの潮流の中にあった。ただし敗戦を経験した日本では，荒涼とした風景が現実のものとなり，非現実的なシュルレアリスムの意味合いが変化することには注

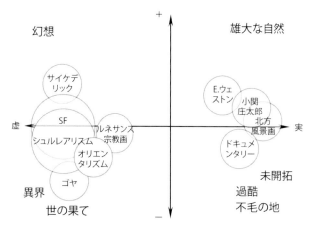

図 11-4　砂の表象芸術の位相

意しておきたい。安部公房の名高い『砂の女』において，粘着質な生物状の存在として描かれる砂は，シュルレアリスムの文法を用いながら戦後の現実を同時に描き得ている。

【⑤ 1965 〜現代―SF とサイケデリック】
60 年代以降になると，四半世紀を経てシュルレアリスムの成果が大衆文化に流れ込むのを確認できる。例えば『ゴジラ対モスラ』（1964 年，ロケ地は鳥取砂丘）やフランク・ハーバートの小説『砂の惑星』（1965 年）にみられる，砂と怪物の組合せは，ダリの作品が源泉にあるだろう。この設定は同時期の SF ブームと重なることで砂のイメージに決定的な影響を与えた。文明後の未来，異世界としての砂，という表象は，漫画（楳図かずお『漂流教室』），映画（『スター・ウォーズ』），アニメ（宮崎 駿『風の谷のナウシカ』）など多様な展開をみせる。またミケランジェロ・アントニオーニの映画『砂丘』（1970 年）が幻想的に描写するように，SF の系譜とは別に，文明からの解放を唱えるサイケデリックムーヴメントと砂も親和性が高い。ただ，これらはいずれも，砂＝非文明という，同じ根から出発している。

　上記の各表象に与えられた意味合いをマッピングしてみよう（図 11-4）。虚構か現実かを横軸に，ポジティブかネガティブかを縦軸とした。過酷なイメージが強く，ポジティブによった表現は多くないことがわかるだろう。そして，砂ばかりという特殊性から当然とも言えるが，そこに向けられる人間のイマジネーションは，虚か実かはっきり分かれ，決してなだらかには分布しない。現代に近いほど，現実との距離（虚構性）が強調される傾向にあることもわかる。

2) 植田正治の特質

　以上を踏まえた上で，植田正治の写真を考えてみたい。植田の作品の一つの面白さは，作品として統一されていながら，どこか必ずぎこちない点である。

　しかし，思えば写真とは，もしかしたらすべてぎこちないものであったかもしれない。「人がカメラを向けられ，写真を撮られる時に，真っ正面を向くのは『自然』なことだとおもいます。むしろそこで，自然に遊んでくれ，自然に向こうを向いてくれという方が嘘の演出写真ではないかとおもいます。」と植田は語っている。写真が現実を写すということを植田は端から信じていないのである。カメラの前では嘘が本当である，というねじれたレトリックを，ごく平然と作品化し得るところに植田の凄味がある。

　ハイチーズ，とあえて言って撮る写真を，植田はあえて作品にした（口絵 8-2）。これが彼の革命である。その上で，「砂」の舞台はすべてがフィクション化する写真館として機能した。植田は，不自然な自然としての砂丘と，不自然な自然としての写真を重ね合わせたのである。過酷な自然，地方の風物，などの概念に収束させず，植田はあくまで生活の延長として砂丘を捉えた。そしてその特性を生かし，他にないポジションを発見したのである。先のマップに当てはめようとしても，植田の作品は虚実を分けがたく，中央に入れるほかない。それがまさに，植田の突出した革新性を示しているだろう。　（成相 肇）

口絵 **8-1** 解説
a：レオナルド・ダ・ヴィンチ《荒野の聖ヒエロニムス》（未完）1482 年頃，バチカン美術館蔵
b：フランシスコ・デ・ゴヤ《棍棒での決闘》1819 〜 1823 年，プラド美術館蔵
c：イヴ・タンギー《時の家具》 1939 年，ニューヨーク近代美術館蔵
d：ジャン＝レオン・ジェローム《砂漠を横断するエジプトの新兵》1857 年，個人蔵

コラム

ドーナツ型風洞を用いた風紋描画装置の開発

　時々刻々と紋様をかえる風紋を使った描画装置
の展示を作れないものか。このようなねらいで，
ドーナツ型風洞実験装置（外径 2.6 m，内径 2.3 m,
風洞幅 30 cm，深さ 50 cm，透明アクリル製）を作
成した（図 C-1）。

　風洞は普通直線型であるが，下流側で飛砂が排出
され，上流側では砂の欠損が生じる。長時間メンテ
ナンスフリーで稼働させるには，砂を循環させる仕
組みが求められる。陸上トラック型，あるいはドー

図 C-1　ドーナツ型風洞実験装置の全景

ナツ型にすることで，これが可能となる。ドーナツ型では 2 次流による風洞内壁側への砂の吹
き寄せが生じる。そこで内から外に傾けた風洞床とした。天板の一部にメッシュを用いて排風
することで，最大風速 11 m/s までの風を作り出せた。また描画効果を高め，ひと味違った風
紋を楽しめるよう，粒径別にカラーサンド（赤色 φ 0.67 mm，0.6 ℓ；白色 φ 0.40 mm，19.8 ℓ；
青色 φ 0.25 mm，67.5 ℓ）を用いた。

　2 段階の風速（5.1 〜 6.7 m/s を 5 〜 10 分，6.8 〜 10.1 m/s を 1 分）で交互に実験を繰り返すことで，
交差した模様が出現した（図 C-2）。改良を加え，将来，観光資源の一つとなれば幸いである。

（小玉芳敬）

図 C-2　風速変化に応じた風紋描画の一例（風向きは左から右）
a．初期 6.5 m/s で 5 分後，b．次に 10.0 m/s で 1 分後，c．さらに 6.5 m/s で 10 分後の様子。
以後，ｂとｃを繰り返した。

第12章
砂丘研究から海外乾燥地研究へ

12-1 砂丘の農業利用概史

　日本の各地には海岸砂丘が分布しており，その面積は24万haと言われる。自然の砂丘では風が吹くたびに砂が飛び，大風のときには近寄ることもできない。風が止んだ後は地形が変わるほど砂が動いている。付近の住民は，大風が吹くと家や畑に砂が押し寄せるため，砂丘は人も住めない植物も生えない地として，不毛のまま生活の場にできなかった。一方，漁業を営む人たちは海岸近くに住み，砂が動きにくい物陰をみつけて生活に必要な野菜を細々とつくっていた。しかし，砂地で野菜を作るためには風がもたらす飛砂の他にもまだいろいろな問題があった。

　畑土として砂地は水を保つ力が弱く，雨のあと作物根群域の砂層に保持される水分は内陸部の畑地に比べると非常に少ない。晴天が続くと，砂畑はすぐに乾き給水が必要となる。海水では野菜は育たないので，湧き水，井戸水，雨水などを確保しておき，その水を畑まで度々運んで灌水しなければならない。

　また，砂の中には野菜の肥料となる養分がほとんどない。そのため周辺から海藻，枯草，落ち葉等を集め，肥料として補給することも必要である。これらから砂丘で畑を拓き，広い面積で野菜を生産する農業を営むことは昔から不可能とされてきた。

　砂丘近くで暮らす人たちは，砂地でも草や木が茂っているところでは砂が飛びにくいことを経験的に知るようになった。押し寄せる砂を何とか防ごうとして草木を植える人も現れたが，時折吹く激しい風が砂を動かしせっかく植えた草木は枯れてしまい，ほとんどが失敗に終わった。しかし，山から竹や木を切り出し砂丘に柵を立て，草木を風から保護する方法が考案された。江戸時代末から明治時代にかけて，砂防林の建設の成功例も少しずつみられるようになり，そこでは砂丘の近くで生活が始められるようになった（原，1960）。

　砂防林の背後の砂地にはワタ，クワなどが植えられ，日本近代化の象徴となった木綿，絹などの繊維産業に大いに寄与した時期もあった。昭和に入ると科学的な造林技術が確立され，国においては海岸砂防林の造林制度を制定した。技術，制度の両面で砂丘開発展開の条件が整ったが，日本は戦時に向い，本格的な開発事業は終戦を待たねばならなかった。

　第二次世界大戦後，日本は極度の食糧不足となり，各地の砂丘では未だ十分な砂防が行われないまま一面サツマイモがつくられた。全国的に砂防植林が開始されたのは，1953（昭和28）年，海岸砂地地帯農業振興臨時措置法が制定されてからである。

　1950年頃からの20年間，日本は科学・技術が大いに進歩・発達し，高度成長を遂げた。砂丘においても確実な砂防造林が計画的に行われ，林に守られた背後地は砂丘畑が拓かれ，ポンプ・スプリンクラー

表 12-1　主要砂丘県の砂丘地面積，砂丘畑地利用面積および主な栽培作物

県　　名	砂丘地面積 (ha)	砂丘畑地利用 面積 (ha)	主要栽培作物 (上位 5 種，100ha 以上)
青　森	6404	1300	ダイコン，コムギ
秋　田	19900	4358	メロン，ダイコン，ネギ，ブドウ，ナシ
山　形	8000	2400	メロン，ダイコン，カキ，ブドウ，イチゴ
新　潟	12478	6445	スイカ，ジャガイモ，メロン，エダマメ，ダイコン
石　川	13000	5000	スイカ，ダイコン，サツマイモ，ブドウ，タバコ
福　井	440	420	ラッキョウ，ダイコン
茨　城	14662	2021	ピーマン，スイカ，ヒンリョウ
千　葉	28920	12000	ダイコン，ネギ，ブロッコリー，ソラマメ，タマネギ
静　岡	10330	3134	サツマイモ，スイカ，ラッカセイ，タマネギ，ネギ
鳥　取	8486	2893	シロネギ，ラッキョウ，ナガイモ，スイカ，ダイコン
島　根	4300	636	ブドウ
徳　島	1300	1300	サツマイモ，ダイコン
宮　崎	7400	635	スイカ，ピーマン
鹿児島	3400	474	ラッキョウ

竹内（2000）を一部改変。

を組み合わせた灌漑技術，化学肥料の利用，農作業機械の導入，生産基盤の整備などあらゆる面の生産技術が進歩した。農業利用を困難にしていた砂地の不利点は克服され，1970 年頃砂地農業は完成期を迎えた。そして，砂地は「農地として水分・肥料分が調節しやすく，また耕耘，除草，収穫など農作業も容易で，品質の高い生産物が収穫できる」とまで言われるようになった。

鳥取県内では砂丘畑の特産品が生まれた。東部の福部砂丘ではラッキョウ，中部の北条大栄砂丘（ほうじょうだいえい）ではナガイモ，ブドウ，スイカ，西部の弓ヶ浜砂丘ではシロネギなどの近郊野菜が知られている。広い砂丘を持つ国内各地でも，表 12-1 に示すような特産品が生産されるようになった（竹内，2000）。

12-2　鳥取大学における砂丘研究

かつて，鳥取砂丘近辺の地元の人たちは「この土地で農業ができるなら」との願望はあるものの，人を寄せつけない自然を前に半ばあきらめていた。その砂丘が，第二次世界大戦終戦後，上述のとおり優れた農地に変化を遂げたのである。

この変化のきっかけは 1919（大正 8）年，鳥取高等農業学校（鳥取大学農学部の前身）の設置にあったと言える。高等農業学校としては国内 3 番目の設置であったが，初代校長山田玄太郎（やまだげんたろう）は，鳥取県の実態を見聞し，荒漠とした不毛の砂丘が広域を占める海岸の光景を異様に感じた。本来，海に面した海岸部は人家が集まり活動しやすく最も豊かであるべき地帯である。山田は学校が果たすべき課題の一つに砂丘地利用の研究が必要であると考えた。予算の関係で高校は農学科，農芸化学科の 2 学科で編成され，林学科の設置は見送られていた。山田は，砂丘固定・利用の研究者として原　勝（はら　まさる）（北海道帝大農学部林学科卒業）を農学科に選任した。

1923（大正 12）年，『あれだけの砂丘にだれも手をつけないのは残念だ』と山田校長に研究を勧められ，『その頃の砂丘は荒れ放題で，地元民は家の中まで入る飛砂の被害に困っていた。果たして砂丘の固定でができるのかと思っていた』と当時の心境を原は語っている。湖山砂丘に試験地 6 ha を設けて研究を任された原は途方にくれたが，大学で学んだ科学的研究手法を着実に実践した（原，1979）。

まず砂丘を踏査するとともに，砂丘・砂防造林に関する文献調査を行った。高農の図書だけでなく，原は，中央気象台，京都大学などを訪ね歩き海外論文など多数の関連図書を調べ，研究にヒントを得て

図 12-1　堆砂垣と静砂垣
鳥取大学乾燥地研究センター提供

いる。瞬く間に 3 年が過ぎたが，その頃から数名の研究室学生と次のような手順で実験と研究に着手した。

　第一に砂の研究，風と砂移動の研究。砂粒の形状，砂地の温度・水分分布，飛砂始動風速の観測など，結果は絶えず文献内容と照合・確認した。次に砂丘に森林を設置するための工作条件の研究。既成の植林地を参考にしながら人工的工作物（シダ垣）の耐久性や砂の堆積状況などを調査した。また，堆砂垣の材料についてシダ，竹簾，板，粗朶（枝葉），炭俵などを検討した。さらに，植林苗木保護の観点から，竹簾，板柵の間隙率の効果も実験した。第三に造林法の試験・研究。砂防工作物による保護のもと，クロマツ，広葉樹を播種・植栽し，その生育を確実にする研究を行った。また砂丘に点在していた既存林帯を調査し，砂防林成立後のクロマツの保全，更新法なども検討した（原，1958）。

　1932（昭和 7）年，原はこの一連の研究を『砂丘造林の研究』として論文にまとめ，翌年，北海道大学より学位を授与された。完成された造林法とは，図 12-1 に示すように汀線に平行に設けられた堆砂垣により人工の前砂丘をつくり，その背後に格子状の静砂垣を組み，その中でクロマツ林を育成するという安全確実な工法である（原，1932）。1923 年の湖山砂丘試験地設立時から鳥取大学を退官する 1960 年まで，38 年間砂丘の研究に没頭した原は，鳥取大学の砂丘利用研究の端緒を開いた「わが国の砂防造林の父」として，鳥取地方の人々に慕われている。

　原が造林工法を発表した後，日本は戦時色が濃くなり研究は停滞を余儀なくされた。そのような中，1942 年，園芸学研究室に遠山正瑛教授が着任する。遠山は，1934 年京都大学園芸学の菊池研究室を卒業後，研究室助手となる。その翌年，鹿児島で開かれた園芸学会で菊池は遠山と原を引き会わせている。菊池は，鳥取高農最初の園芸学教授で，原とは旧知の関係にあった。遠山は，菊池に勧められて中国に 2 年間留学している。後半の 1 年，中国北部の沙漠を旅し，『乾燥した砂丘・砂地地帯でケシや野菜などが栽培されているのを見て感動した』と回顧している（遠山，2006）。

　1942 年遠山は鳥取に着任すると直ぐに，原の湖山試験地で農業利用の研究に着手した。それ以来，原と遠山は砂防と農業利用の研究を共同して行うことになった。日常的な会話で，原は遠山から中国の体験も聞いていた。混沌としたこの時期に原は中国を旅行し，遠山が話した砂地の農業を視察している。

　太平洋戦争終結とともに，明治末以来陸軍の演習地であった浜坂・福部の砂丘は不毛の無用地として残った。原と遠山は，450 ha の跡地を試験用地にすべく，国に譲渡を願い出るとともに遠山は直ちに浜坂の旧陸軍兵舎（現在の乾燥地研究センター構内）を根拠地にして農場造りに着手した。

　1949（昭和 24）年，新制鳥取大学が設置され，鳥取高等農林専門学校も統合された。1951 年浜坂砂丘 115 ha の使用も正式に認められて農学部の浜坂砂丘試験地となり，農作物の導入・栽培を目指す研

究に農学部の研究者が少しずつ参加するようになった。

　鳥取大学初代学長の佐々木 喬 は，食糧不足の時代の中で，『将来，日本の米は余るようになる』との持論を持っていた。『いずれ畑作と畜産振興の時代が来る，砂丘の研究は将来的にも重要な課題である』とし，原教授を代表とする「砂丘地農業利用研究グループ」を編成した。この研究体制は多分野の研究者が共通テーマに向う共同研究の精神を培うとともに，当時の農学部の目玉となり，1950 年朝日科学奨励金が授与され，また 1953（昭和 28）年には文部省から試験研究費が交付された。これらの研究費を手掛かりに，国内初のスプリンクラー灌漑試験が行われ（長，1967），砂丘地をはじめ全国の畑地灌漑近代化のきっかけとなり，畑地農業に寄与したと評価されている。また，農学部の園芸，作物，林学，土壌肥料，農地造成，農業機械，農業経済などの異分野の研究が集約され，砂丘地農業は規模も拡大されて昭和 40 年代の砂地農業完成に繋がった。

　鳥取大学の研究グループは，全国に展開されている砂丘地開発の現場に研究成果の提供・普及を図ろうとして，1954 年，「日本砂丘研究会」を設立した。この研究会には，地質，地形，生物学などの幅広い理学分野の研究者も組織された。農業分野では，各地の主要砂丘地開発に関わる大学・農業試験場の研究者，行政，農業団体，個人農家が参加した（長，2000）。原教授はこの研究会の初代会長を務めたが，この研究会が砂丘地の保全・管理，砂地の土壌特性解明，適作物の導入と栽培技術，畑地灌漑，機械化作業技術，特産地形成と経営管理など実用的な情報交換の場となり，国内砂丘地農業利用の推進に大きな役割を果たした。

12-3　砂丘の農業利用研究から乾燥地研究へ

　砂丘利用研究施設では，1971 年外国との学術共同研究を行った。1973（昭和 48）年，施設規定を一部改正し，「乾燥地の農業利用に関する研究」条項を加え，本格的に海外に向かう乾燥地研究を開始した。1974 年，文部省海外学術調査費を獲得，イラン国での砂漠化と砂漠化防止の調査研究が始められた。

　その後も砂漠化防止の海外調査プロジェクトが次々に組まれ，他大学の研究者を加えた乾燥地調査チームも編成されるようになった。乾燥地諸国から我国への技術協力要請も増え，国内でも乾燥地農業への関心や研究要請が強くなってきた。

　乾燥地が存在しない我が国にとって，砂丘地は乾燥地研究の場に適していると判断され，砂丘利用研究施設には人工気象室，大型ガラス室など乾燥地研究に必要な実験施設が少しずつ整えられた。国内・国外から客員研究員も配置されるようになり，およそ 20 年間に蓄積された調査・研究の成果，外国研究員・留学生の受け入れ，海外乾燥地研究機関との学術交流などの実績が評価され，1990 年，「鳥取大学農学部付属砂丘利用研究施設」は「鳥取大学乾燥地研究センター」に改組され，全国共同利用施設となった。また 2009 年，文部科学省から「乾燥地科学の共同利用・共同研究拠点」に認定されている。

　2015（平成 27）年，鳥取大学は，乾燥地や開発途上国にかかわる研究・教育を全学体制で取り組み，我が国トップの研究教育拠点を形成するため，「国際乾燥地研究教育機構」を設立している。目標は，オール鳥取大学の体制で真に農学，医学，工学などの他分野が共同する学際的な乾燥地研究，教育に取り組もうと言うものである。　　　　　　　　　　　　　　　　　　　　　　　　　　　　　（神近牧男）

おわりに・謝辞

　本書は，鳥取砂丘を主な題材に，さまざまな角度から「砂丘」を捉えた学術的な入門書となることを願って編集したものである。本書が砂丘に関する新たな研究の礎になることを期待する。

　本書は，鳥取大学の研究者を中心として進められてきた砂丘研究の，現在までの成果をまとめる意義も持つ。これらは執筆者のほかに，多くの研究者，学生，個人，団体の協力，研究費支援のもとに得られたものである。ご協力いただいた諸氏，団体等，研究の一部を支援いただいた研究費を以下に掲載して多謝を表す。スペースの都合で，本文中に貢献を記載した方，参考文献の著者としてあげられている方はここでは省かせていただいた。このほか，個々にあげることができなかった関係者や学生さんをはじめ，ご協力いただいた全ての方々に深謝申し上げる。ご協力いただいた方々，読者のみなさまが本書を手にとって，春の明るく輝く砂丘，猛々しい夏の炎熱，秋の青空の下のさわやかさ，日本海から吹き付ける冬の寒風や積雪の幻想的な景観を思い出していただけたら幸いである。

編者一同

本書にご協力いただいた方々（お名前は当時，五十音順，敬称略）
個人：新 寿明，李 素妍，池田 宏，石川 愛，一澤 圭，伊藤優子，井上博貴，岩里実季，岩淵博之，宇根祐樹，梅原舞乃，梅本 愛，江澤あゆみ，榎本夕華，大嶋陽一，岡田昭明，岡部広夢，音田研二郎，糟谷哲史，金久研也，河合隆行，川内勇人，川上 靖，岸本理紗，橘高広了，藏増達弘，清末幸久，黒田絵理，小出千晴，小林義和，酒井雅代，坂井未菜美，坂田成孝，佐々木靖高，清水寛厚，清水美佳，下川ふみ，末房身和子，杉山弘晃，鈴木信二，高橋 聖，高本 陽，竹内芳観，竹野杏里，田代圭佑，谷岡陽一，田渕直人，土江芙実，戸田賢二，富永彩恵，冨森加耶子，長尾 翼，中嶋幸宏，中原智子，中村健二，西田有公子，西本貴之，西山貴仁，野口理恵，筈津杏奈，橋本翔平，濵田竜彦，濱田初恵，濱本耕司，濱本直廣，林 成多，美藤彩花，廣田静香，福間幸司，藤井まゆら，平家日向子，堀田利明，満吉花美，三谷真耶，宮脇隼輔，森井 愛，八木弥生，保本 彩，矢野孝雄，八幡 剛，山田陽介，渡邉正巳，2012年度～2016年度にかけて直浪遺跡の発掘調査に参加したすべての学生，鳥取大学地域学部地域環境学科学生諸氏（地域調査実習）
団体等：植田正治事務所，ＮＨＫ鳥取放送局，環境省近畿地方環境事務所浦富自然保護官事務所，（一財）自然公園財団鳥取支部，鳥取県教育委員会文化財課，鳥取県生活環境部（砂丘事務所，緑豊かな自然課，山陰海岸ジオパーク海と大地の自然館），鳥取県立博物館，鳥取砂丘景観保全調査研究会，鳥取砂丘再生会議，鳥取市教育委員会文化財課，鳥取大学乾燥地研究センター
研究費支援：平成25～27年度文部科学省特別経費「地域再生を担う実践力ある人材の育成及び地域再生活動の推進」，文部科学省 地（知）の拠点整備事業（ＣＯＣ事業）地域指向教育研究経費，山陰海岸ジオパーク学術研究奨励事業，鳥取砂丘再生会議研究経費，鳥取県環境学術研究振興事業，鳥取県山陰海岸ジオパーク調査研究支援事業，鳥取大学国際乾燥地研究教育機構―砂丘地保全・活用プロジェクト，鳥取大学教育・研究改善推進費（学長裁量経費），鳥取大学地域貢献支援事業
本書は，JSPS 科研費 JP15K02979，JP16500646，JP18710038，JP20700675，JP21500998，JP21510045，JP24680088，JP25340109 の成果の一部を活用したものです。

参考文献

第 1 章

安部恭庵（1795）因幡誌．因伯叢書発行所, 1919-24 年

赤木三郎（1991）砂丘のひみつ．青木書店, 170p.

赤木三郎（2000）日本の砂丘．15-41. In: 日本砂丘学会, 世紀を拓く砂丘研究, 農林統計協会, 387p.

松田真由美（2004）鳥取砂丘観光の課題と方向性 ―砂丘政策の歴史的分析から―. TORC レポート, no.23, とっとり政策総合研究センター, 9-19.

永松 大（2014）鳥取砂丘における最近 60 年間の海浜植生変化と人為インパクト．景観生態学, **19**, 15-24.

高田健一・西尾 潤（2017）鳥取砂丘出土の銃弾．待兼山考古学論集Ⅲ, 印刷中

田中寅夫・星見清晴・松田晃幸（1994）鳥取砂丘ものがたり 郷土シリーズ (37). 鳥取市社会教育事業団, 229p.

田中 琢（1982）遺跡遺物に関する保護原則の確立過程．考古学論考 ―小林行雄博士古稀記念論文集, 108-120.

立石友男（1974）日本海沿岸における海岸砂丘林の造成過程．日本大学自然科学研究所研究紀要, no.9, 15-44.

豊島吉則（1975）山陰の海岸砂丘．第四紀研究, **14**(4), 221-230.

鳥取県（1922）鳥取県下に於ける有史以前の遺跡．鳥取縣史蹟勝地調査報告 第 1 冊

鳥取県（1924）因伯二国における古墳の調査．鳥取縣史蹟勝地調査報告 第 2 冊

鳥取県（1929）名勝及天然記念物の調査．鳥取縣史蹟名勝天然記念物調査報告 第 3 冊

由良 浩（2014）砂丘植生を取り巻く危機的状況とその要因．景観生態学, **19**, 5-14.

第 2 章

藤井まゆら・小玉芳敬（2009）鳥取県郷土視覚定点資料（県博の空中写真）は語る その 5 ―鳥取砂丘沖の浅海底に発達する沿岸砂州の変遷―. 鳥取地学会誌, no.13, 65-70.

小玉芳敬（2000）鳥取県郷土視覚定点資料（県博の空中写真）は語る その 1 ―智頭町久本採石場の背後に広がる崩壊地の急激な拡大―. 鳥取地学会誌, no.4, 19-22.

小玉芳敬（2002）鳥取県郷土視覚定点資料（県博の空中写真）は語る その 3 ―沿岸砂州の規模縮小と鳥取砂丘の草原化―. 鳥取地学会誌, no.6, 35-42.

小玉芳敬（2004）鳥取の地形まるごと研究．鳥取大学教育地域科学部, 68p.

小玉芳敬（2009）地表面プロセスから探るランドケア．15-22. In: 岡田昭明（編）地域環境学への招待 ―人と自然の共生・地域資源の活用をめざして―, 三恵社, 125p.

小玉芳敬・景山龍也（2001）鳥取県郷土視覚定点資料（県博の空中写真）は語るその 2 ―弓ヶ浜海岸の汀線変化から推定する沿岸漂砂量―. 鳥取地学会誌, no.5, 11-14.

長尾 翼・小玉芳敬（2011）鳥取砂丘海岸の粒度組成変化が飛砂量に及ぼす影響．鳥取地学会誌, no.15, 3-10.

Short, A.D. (1975a) Offshore bars along the Alaskan Arctic Coast. *The Journal of Geology,* **83**(2), 209-221.

Short, A.D. (1975b) Multiple offshore bars and standing waves. *Journal of geophysical research,* **80**, 3838-3840.

Short, A.D. (1992) Beach systems of the central Neatherlands cpast: Processes, morphology and structural impacts in a storm driven multi-bar system. *Marine Geology,* **107,** 103-137.

武田一郎（1999）北海道オホーツク沿岸および鹿児島吹上浜における後浜上限高度．地形, **20**, 559-569.

鳥取県（2005）みんなで守り・創り・育てる海辺 鳥取沿岸の総合的な土砂管理ガイドライン．鳥取県県土整備部

山名 巌（1962）鳥取砂丘砂の粒度組成について．鳥取県立科学博物館研報, no.1, 11-22.

山名 巌（2010）鳥取砂丘砂の粒度組成について再吟味．鳥取地学会誌, no.14, 11-17.

第 3 章

阿不来提阿不力提甫・木村玲二（2011）春季の鳥取砂丘における飛砂発生の特徴．日本砂丘学会誌, **58**(2), 31-40.

Abulaiti, A., Kimura, R., Shinoda, M. (2013) Vegetation effects on saltation flux in a grassland of Mongolia. *Journal of Sand Dune, Japan,* **59**(3), 117-128.

Anderson, R.S. (1987) A theoretical model for aeolian impact ripples. *Sedimentology,* **34**, 943-956.

Anderson, R.S., Haff, P.K. (1988) Simulation of eolian saltation. *Science,* **241**, 820-823.

Bagnold, R.A. (1954) *The Physics of Blown Sand and Desert Dunes.* Methuen, London, 265p.

Kimura, R. (2013) Field studies of frontal area index in rangeland of Mongolia. *Journal of Environmental Science and Engineering,* **A2**(6), 359-363.

木村玲二（2015）植生と砂移動の関わり．鳥取砂丘調査研究報告会, 11-12.

木村玲二・阿不来堤阿不力堤甫（2016）2012 年～ 2014 年までの鳥取砂丘の風向・風速の特徴．日本砂丘学会誌, **63**(1), 49-

96

56.

Kimura, R., Shinoda, M. (2010) Spatial distribution of threshold wind speeds for dust outbreaks in northeast Asia. *Geomorphology,* **114**, 319-325.

松田昭美（1990）砂丘の微気象環境．鳥取大学農学部附属砂丘利用研究施設, 2-15.

高山 成・矢野裕幸・木村玲二・神近牧男（2009）鳥取砂丘の草原化に対する景観保全活動に伴う植生分布の変遷と砂面変動のモニタリング．ランドスケープ研究, **2**, 67-73.

第4章
Anderson, R.S. (1987) A theoretical model for aeolian impact ripples. *Sedimentology,* **34**, 943-956.

Bagnold, R.A. (1954) *The Physics of Blown Sand and Desert Dunes.* Methuen, London, 336p.

美藤彩花・小玉芳敬（2011）鳥取砂丘に見られる砂簾の形成プロセス．鳥取地学会誌, no.15, 17-26.

Cooke, R.U., Warren, A. Goudie, A.S. (1993) *Desert Geomorphology.* UCL Press, 526p.

小玉芳敬（2014）砂丘カルメラの形成モデル．鳥取県博物館協会会報, no.85, 2-4.

Kodama, Y., Kittaka, H. (2011) Cross sections of wind ripples on various slopes of sand dunes. *Transactions, Japanese Geomorphological Union,* **32**(2), 167-171.

小玉芳敬・藏増達弘（2010）鳥取砂丘にみられる「風成横列シート」の形成条件．日本砂丘学会誌, **56**(3), 83-90.

成瀬簾二（1969）融雪制御の試み．低温科学 物理篇, **26**, 101-107.

成瀬簾二・大浦浩文・小島賢治（1971）気温融雪の野外研究．低温科学 物理篇, **28**, 191-202.

Sharp, R.P. (1963) Wind ripples. *Journal of Geology,* **71**, 617-636.

徳田貞一（1917）バルハンとスリバチ(第三稿)．地質学雑誌, **24**(282), 121-135.

徳田貞一（1937）砂丘カルメラ．地理学, **5**(1), 72-75（別途，写真6頁）

鳥取県（1929）名勝及天然記念物の調査．鳥取縣史蹟名勝天然記念物調査報告 第3冊

鳥取砂丘検定公式テキストブック編集委員会（2012）鳥取砂丘まるごとハンドブック―鳥取砂丘検定公式テキストブック〔改訂〕上級コース対応版―．鳥取砂丘検定実行委員会，鳥取，175p.

Valentin, C. (1992) Morphology, genesis and classification of surface crust in loamy and sandy soils. *Geoderma,* **55**, 225-245.

Werner, B.T., Haff, P.K., Livi, R.P., Anderson, R.S. (1986) The measurement of eolian ripple cross-sectional shapes. *Geology,* **14**, 743-745.

八幡剛・小玉芳敬（2012）砂丘カルメラの形成における積雪の役割.161-178. In: 小玉芳敬（編）平成21〜23年度科学研究費補助金 基盤研究(C) 課題番号：21500998 研究成果報告書 風紋の動態・形態特性からさぐる砂丘列の地形, 233p.

第5章
Cooke, R.U., Warren, A. Goudie, A.S. (1993) *Desert Geomorphology.* UCL Press, 526p.

Hack, J.T. (1941) The dunes of western Navajo county. *Geographical Review,* **31**, 240-263.

小玉芳敬（2010）「発達史」と「形成プロセス」の観点から調べた鳥取砂丘の地学現象. 17-34. In: 鳥取砂丘再生会議（保全再生部会）（編）山陰海岸国立公園 鳥取砂丘景観保全調査報告書, 79p.

Lancaster, N.(1995) *Geomorphology of Desert Dunes.* Routledge, New York, 290p.

McKee, E. D. (1979) *A Study of Global Sand Seas.* Geological Survey Professional Paper, 1052, 429p.

岡田昭明・塩崎一郎・豊島吉則・赤木三郎・神近牧男・宮腰潤一郎・西田良平（1994）学術ボーリングによる鳥取砂丘の地下構造調査. 23-34. In: 鳥取砂丘保全協議会（編）山陰海岸国立公園 鳥取砂丘保全調査報告書, 54p.

Ribin, D. M., Ikeda, H. (1990) Flume experiments on the alignment of transverse, oblique and longitudinal dunes in directionally varying flows. *Sedimentology,* **37**, 673-684.

末房身和子・小玉芳敬・河合隆行（2009）鳥取県郷土視覚定点資料（県博の空中写真）は語る その4 ―鳥取大学乾燥地研究センター敷地内砂丘地に発達したパラボリックデューン―．鳥取地学会誌, no.13, 59-63.

鳥取県（1929）名勝及天然記念物の調査．鳥取縣史蹟名勝天然記念物調査報告 第3冊

豊島吉則（1975）山陰の海岸砂丘．第四紀研究, **14**(4), 221-230.

Wasson, R.J., Hyde, R. (1983) Factors determining desert dune type. *Nature,* **309**, 337-339.

第6章
赤木三郎（1991）砂丘のひみつ．青木書店，東京，170p.

岡田昭明・小玉芳敬・前田修司・入口大志・長畑佐世子（2004）ボーリングコアからみた鳥取砂丘の砂粒組成と形成初期の古環境．鳥取地学会誌, no.8, 27-37.

Horie, S. (1962) Morphometric features and the classification of all the lakes in Japan. *Memories of the College of Science, University of Kyoto, Series B,* **29**, 191-262.

星見清晴（2009）多鯰ヶ池の水位変化について．鳥取地学会誌, no.13, 37-58.

星見清晴（2012）第2章 鳥取砂丘の地形・地質 ⑫多鯰ヶ池. 43-45. In: 鳥取砂丘検定実行委員会（編）鳥取砂丘まるごとハンドブック，鳥取，175p.

第 7 章

江澤あゆみ・鶴崎展巨（2015）鳥取県における海浜性ウスバカゲロウ類の分布．山陰自然史研究, no.11, 45-53.

藤井宏一（編）（1995）はじめてのえころじい．裳華房, 東京, 195p.

福本一彦・三上裕加・檜垣英司（2010）鳥取県多鯰ケ池における魚類相．山陰自然史研究, no.5, 15-21.

福本一彦・谷岡 浩（2013）鳥取県多鯰ケ池におけるイシガイ類の生息状況．山陰自然史研究, no.9, 1-5.

一澤 圭（2012）鳥取砂丘のトビムシ類とササラダニ類．山陰自然史研究, no.7, 41-45.

楠瀬雄三・石川慎吾（2014）米子市弓ヶ浜の離岸堤によって再生した海浜における海浜植物の分布特性．植生学会誌, **31**, 1-17.

Matsura, T., Satomi, T., Fujiharu, K. (1991) Control of the life cycle in a univoltine antlion, Myrmeleon bore (Neuroptera: Myrmeleontidae). *Japanese Journal of Entomology*, **59**, 275-287.

McLachlan, A., Brown, A. (2006) *The Ecology of Sandy Shores. 2nd edition.* Academic Press, Burlington, MA, USA（初版の Brown, A. C., McLachlan, A. (1990) *Ecology of Sandy Shores.* は邦訳が出版されている：須田有輔・早川康博訳 砂浜海岸の生態学．東海大学出版会）

皆木宏明・前田泰生・北村憲二（2000）海浜における送粉生態系の保全に関する研究 1. 大社砂丘における訪花昆虫の種類とそれらの季節消長．ホシザキグリーン財団研究報告, no.4, 139-160.

宮永龍一・石田善彦・北条竜也・吉田紗希・ラダ デブコタ アディカリ（2014）鳥取砂丘のハマゴウ群落におけるキヌゲハキリバチの花資源の利用様式．中国昆虫, no.27, 27-39.

中西弘樹（2005）海浜植生．26-27. In: 福島 司・岩瀬 徹, 図説日本の植生, 朝倉書店, 153p.

中西弘樹（2011）グンバイヒルガオの海流散布の現状とその分布拡大．植物地理・分類研究, **58**, 89-95.

中西弘樹・福本 紘（1991）山陰地方における海浜植生の成帯構造と地形．日本生態学会誌, **41**, 225-235.

永松 大・高橋法子・森 明寛（2015）鳥取市湖山池湖岸の植物群落．山陰自然史研究, no.10, 15-28.

永松 大・土江芙美・坂田成孝（2017）鳥取市多鯰ヶ池湖岸の植物と保全上の問題点．山陰自然史研究, no.14, 印刷中

Polis, G. A., Hurd, S. D. (1996) Linking marine and terrestrial food webs: allochthonous input from the ocean supports high secondary productivity on small islands and coastal land communities. *American Naturalist*, **147**, 396-423.

Polis, G. A., Sánchez-Piñero, F., Stapp, P. T., Anderson, W. B., Rose, M. D. (2004) Trophic flows from water to land: marine input affects food webs of islands and coastal ecosystems worldwide. 200-216. In: Polis, G. A., Power, M. E. and Huxel, G. R. (ed.) *Food Webs at the Landscape Level*. The University of Chicago Press, Chicago

笹木義雄（2007）緑化植物 どこまできわめる アメリカンビーチグラス (*Ammophila breviligulata* Fern.). 日本緑化工学会誌, **32**, 522.

佐藤 綾・上田哲行・堀 道雄（2005）打ち上げ海藻を利用する砂浜の小型動物相：ハンミョウとハマトビムシの関係．日本生態学会会誌, **55**, 21-27.

Satoh, A., Uéda, T., Enokido, Y., Hori, M. (2003) Patterns of species assemblages and geographical distributions associated with mandible size differences in coastal tiger beetles in Japan. *Population Ecology*. **45**, 67-74.

Satoh, A. & Hori, M. (2005) Microhabitat segregation in larvae of six species of coastal tiger beetles in Japan. *Ecological Research*, **20**, 143-149.

佐藤隆士・鶴崎展巨（2010）鳥取砂丘の昆虫相（予報）．鳥取県立博物館研究報告, no.47, 45-81.

澤田佳宏・中西弘樹・押田佳子・服部 保（2007）日本の海岸植物チェックリスト．人と自然, no.17, 86-101.

Suzuki, S., Tsurusaki, N., Kodama, Y. (2006) Distribution of an endangered burrowing spider *Lycosa ishikariana* in the San'in Coast of Honshu, Japan (*Araneae: Lycosidae*). *Acta Arachnologica*, **55**, 79-86.

谷川明男（2015）磯や浜辺のクモ．123-138. In: 宮下直（編）クモの科学最前線, 北隆館

鶴崎展巨（2015）崖っぷちの海岸性昆虫．昆虫と自然, **50**(3), 2-3.

鶴崎展巨・林 成多・宮永龍一・一澤 圭・川上 靖（2012）鳥取砂丘の昆虫類目録．山陰自然史研究, no.7, 47-82.

吉村泰幸（2015）日本国内に分布する C₄植物のフロラの再検討．日本作物学会記事, **84**, 386-407.

尹 振国・鶴崎展巨（2016）多鯰ケ池と鳥取市大塚のため池のトンボ相．山陰自然史研究, no.13, 25-35.

第 8 章

東方仁史・来見田博基・神近牧男・赤木三郎・星見清晴・川上 靖（2012）4-1 人と砂丘の歴史．93-103. In: 鳥取砂丘検定公式ガイドブック編集委員会（編）鳥取砂丘まるごとハンドブック, 鳥取砂丘検定実行委員会, 鳥取, 175p.

永松 大（2014）鳥取砂丘における最近 60 年間の海浜植生変化と人為インパクト．景観生態学, **19**, 15-24.

大村康久（編）（1993）鳥取砂丘．富士書店, 鳥取, 257p.

Primack, R. B. (2014) Essentials of Conservation Biology. 6th ed. Sinauer Associates, Inc., Publ.

Satoh, A., Hori, M. (2005) Microhabitat segregation in larvae of six species of coastal tiger beetles in Japan. *Ecological Research*, **20**, 143-149.

立石友男（1989）海岸砂丘の変貌．大明堂, 東京, 214p.

戸田賢二・鶴崎展巨（2010）鳥取県の海浜性ウスバカゲロウ類の 1990-1991 年における分布と生息地の砂の粒度．山陰自然史研究, no.5, 29-33.

鶴崎展巨・岡田 叡・杏野高也・深澤豊武・湯本祥平（2016）鳥取砂丘におけるエリザハンミョウの個体数推定（2015 年）．

山陰自然史研究 , no.13, 1-10.

鶴崎展巨・川上大地・太田嵩士・藤崎謙人・坂本千紘 （2015）鳥取砂丘におけるハンミョウ類の分布・生活史と 1 種の絶滅 . 山陰自然史研究 , no.11, 33-44.

Wiedemann, A. M., Pickart, A. J. (2004) Temprate zone coastal dunes. 53-65. In: Martinez, M. L., Psuty, N. P. (eds) *Coastal Dunes: Ecology and Conservation*. Springer, Heidelberg

第 9 章

Bristow, C.S., Duller, G.A.T., Lancaster, N. (2007) Age and dynamics of linear dunes in the Namib desert. *Geology,* **35**, 555-558.

Kitagawa, H., Matsumoto, E. (1995) Climatic implications of δ13C variations in a Japanese cedar (*Cryptomeria japonica*) during the last two millennia. *Geophysical Research Letters*, **22**, 2155-2158.

小玉芳敬・岡田昭明・甲本賢司・山根純子・中村 悟 （2001）ボーリング試料分析に基づく新たな鳥取砂丘形成史の構築 —鳥取砂丘はなぜ形成されはじめたのか？—. 鳥取地学会誌 , no.5, 49-58.

Lambeck, K., Yokoyama, Y., Purcell, A. (2002) Into and out of Last Glacial Maximum: sealevel change during the oxygen isotope Stage 3 and 2. *Quaternary Science Reviews*, **21**(1), 343-360.

岡田昭明・塩崎一郎・豊島吉則・赤木三郎・神近牧男・宮腰潤一郎・西田良平 （1994）学術ボーリングによる鳥取砂丘の 地下構造調査 . 23-34. In：鳥取砂丘保全協議会 （編）山陰海岸国立公園 鳥取砂丘保全調査報告書 , 54p.

岡田昭明・小玉芳敬・前田修司・入口大志・長畑佐世子 （2004）ボーリングコアからみた鳥取砂丘の砂粒組成と形成初期 の古環境 . 鳥取地学会誌 , no.8, 27-37.

自然公園財団 （2010）山陰海岸国立公園 パークガイド 鳥取砂丘 . 財団法人自然公園財団 , 48p.

谷口裕美・岡田昭明・小玉芳敬 （2008）鳥取砂丘ボーリングコアの電気伝導度測定 . 76-77. In：小玉芳敬 （編）地形構成 材料からみた海岸砂丘の形成史と形態特性 , 平成 16 〜 19 年度科学研究費補助金 （課題番号 16500646）基盤研究 (C)(2) 研究成果報告書 ,111p.

田村 亨・小玉芳敬・齋藤 有・渡辺和明・山口直文・松本 弾 （2010）鳥取砂丘の地中レーダ断面 . 第四紀研究 , **49**, 357-367.

Tamura, T., Bateman, M.D., Kodama, Y., Saitoh, Y., Watanabe, K., Yamaguchi, N., Matsumoto, D. (2011a) Building of shore-oblique transverse dune ridges revealed by ground-penetrating radar and optical dating over the last 500 years on Tottori coast, Japan Sea. *Geomorphology,* **132**, 153-166.

Tamura, T., Kodama, Y., Bateman, M.D., Saitoh, Y., Watanabe, K., Matsumoto, D., Yamaguchi, N. (2011b) Coastal barrier dune construction during sea-level highstands in MIS 3 and 5a on Tottori coast-line, Japan. *Palaeogeography, Palaeoclimatology, Palaeoecology*, **308**, 492-501.

Tamura, T., Kodama, Y., Bateman, M.D., Saitoh, Y., Yamaguchi, N., Matsumoto, D. (2016) Late Holocene aeolian sedimentation in the Tottori coastal dune field, Japan Sea, affected by the East Asian winter monsoon. *Quaternary International,* **397**, 147-158.

立石友男 （1974）日本海沿岸における海岸砂丘林の造成過程 . 日本大学自然科学研究所研究紀要 , no. 9, 15-44.

梅本 愛・小玉芳敬 （2014）鳥取砂丘第 0 砂丘列の地形と堆積物の特徴 . 鳥取地学会第 19 回記念講演会・研究発表会要旨集 , 3-4.

Yancheva, G., Nowaczyk, N.R., Mingram, J., Dulski, P., Schettler, G., Negendank, J.F., Liu, J., Sigman, D.M., Peterson, L.C., Haug, G.H., (2007) Influence of the intertropical convergence zone on the East Asian monsoon. *Nature*, **445**, 74-77.

Zhang, D., (1984) Synoptic-climatic studies of dustfall in China since historical times. *Scientia Sinica*, **B27**, 825-836.

第 10 章

朝日新聞社 （2011）砂丘の人骨は江戸〜明治の成人男女 4 人 . 2011 年 8 月 3 日付朝刊

文化庁 （1983）遺跡保存方法の検討 —砂地遺跡—.

遠藤邦彦 （1969）日本における沖積世の砂丘の形成について . 地理学評論 , **42**(3), 160-163.

濵田竜彦 （2013）山陰地方における初期遠賀川式土器の展開と栽培植物 . 農耕社会成立期の山陰地方 , 第 41 回山陰考古学 研究集会 , 47-65.

濵野浩美・平木裕子・佐伯純也 （2011）博労町遺跡 . 財団法人米子市教育文化事業団

井関弘太郎 （1975）砂丘形成期分類のためのインデックス . 第四紀研究 , **14**(4), 183-188.

井上貴央 （1989）栗谷遺跡から検出された人骨と動物遺存体について . 栗谷遺跡発掘調査報告書 II , 福部村教育委員会

井上貴央 （2007）青谷上寺地遺跡の動物たち . 鳥取県教育委員会

治部田史郎・野田久男・谷口雄太郎・山名巌 （1976）直浪遺跡発掘調査報告書 . 福部村教育委員会

亀井熙人・清水真一 （1982）直浪遺跡 . えとのす , no.18, 新日本教育図書 , 35-43.

小原貴樹ほか （1986）目久美遺跡 . 米子市教育委員会・鳥取県河川課

久保穣二朗 （1981）身干山・金崎両遺跡の出土遺物について . 鳥取県立博物館研究報告 , no.18, 39-56.

牧本哲雄・小谷修一 （1996）桂見遺跡 —八ツ割地区・堤谷東地区・堤谷西地区—. 財団法人鳥取県教育文化財団

牧本哲雄・井上達也・岩崎康子・岡野雅則 （1999）長瀬高浜遺跡 VIII ・園第 6 遺跡 . 財団法人鳥取県教育文化財団

西村彰滋ほか （1983）長瀬高浜遺跡 VI . 財団法人鳥取県教育文化財団

小方 保 （1959）因幡・緑山 2 号墳 (2). 佐々木古代文化研究室月報ひすい , no.57, 1-4.

小谷仲男 （1983）中世の石造美術 . 784-819. In: 新修鳥取市史 . 1

大村雅夫・福井淳人（1958）因幡・縁山 1 号墳．佐々木古代文化研究室月報ひすい，no.55, 1-4.
大村雅夫・治部田史郎（1958）因幡・縁山 2 号墳 (1).佐々木古代文化研究室月報ひすい，no.56, 1-4.

下江健太・濱田竜彦（2013）本高弓ノ木遺跡（5 区）Ⅰ．鳥取県教育委員会
高田健一（2015）鳥取平野における土地環境の変化と弥生集落の形成活動．古代文化，**67**(1), 35-43.
高田健一（2017）鳥取砂丘における遺物の分布．山陰歴史館國田俊雄館長傘寿記念考古学小論集だんだん，13-20.
高田健一・中原 計（2015）鳥取市福部町直浪遺跡における考古学的調査．地域学論集，**12**(2), 211-226.
谷口恭子・前田 均（1991）岩吉遺跡Ⅲ．鳥取市教育委員会・鳥取市遺跡調査団
谷岡陽一・中原 斉・瀧川友子（1989a）栗谷遺跡発掘調査報告書Ⅰ．福部村教育委員会
谷岡陽一・中原 斉・瀧川友子（1989b）栗谷遺跡発掘調査報告書Ⅱ．福部村教育委員会
谷岡陽一・中原 斉・瀧川友子（1990）栗谷遺跡発掘調査報告書Ⅲ．福部村教育委員会
谷岡陽一（1995）福部村内遺跡発掘調査報告書．福部村教育委員会
豊島吉則・赤木三郎（1965）鳥取砂丘の形成について．鳥取大学学芸学部研究報告，**16**, 1-14.
豊島吉則（1975）山陰の海岸砂丘．第四紀研究，**14**(4), 221-230.
山野井 徹・伊藤かおり（2007）縄文期の表土の形成と地表環境―山形県米沢市の遺跡にみるローム質土とクロボク土との
　　関係―．徳永重元博士献呈論集，パリノ・サーヴェイ株式会社，521-533.

第 11 章

尾崎 翠（1920）松林．In: 稲垣真美（編）定本尾崎翠全集，筑摩書房
ガストン・バシュラール（2016）水と夢―物質的想像力試論．法政大学出版局
北川扶生子（2013）阪本四方太と写生文．郷土出身文学者シリーズ 9 阪本四方太，鳥取県立図書館，36-47.
小泉友賢（1776）稲葉民談記．鳥取県立図書館蔵
阪本四方太（1909）夢の如し．In: 明治文学全集，57, 筑摩書房
里見 弴（1921）世界一．中央公論，中央公論社
瀬沼茂樹（1979-1988）有島武郎全集．筑摩書房
島崎藤村（1927）山陰土産．In: 島崎藤村全集，11, 筑摩書房
鳥取地誌研究会（2006）稲葉佳景 無駄安留記 影印篇．鳥取大学地域学部，262p.
鳥取市教育会（1907）鳥取案内記．

第 12 章

長 智男（1967）砂丘地におけるカンガイ法の発展．砂丘研究，**13**(2), 1-7.
長 智男（2000）「日本砂丘研究会」の誕生とあゆみ．1-7. In: 日本砂丘学会，世紀を拓く砂丘研究，農林統計協会，387p.
竹内芳親（2000）導入作物の変遷と背景．111-119. In: 日本砂丘学会，世紀を拓く砂丘研究，農林統計協会，387p.
遠山正瑛（2006）風去来．日本砂漠緑化実践協会，23-36.
原 勝（1932）砂丘造林に関する研究．鳥取高等農学校学術報告，**1**(3), 99-274.
原 勝（1958）砂丘の造林．146-158. In: 毎日新聞社（編）鳥取砂丘
原 勝（1960）海岸砂防の歴史について．砂丘研究，**6**(2), 1-8.
原 勝（1979）不毛の砂丘地に挑む．105-108. In: 毎日新聞鳥取支局（編）久遠の命培ひて 旧制鳥取高農風雲録．

索　引

¹⁴C 年代　→放射性炭素年代
C₃ 植物　49
C₄ 植物　46, 49
DKP　→大山倉吉軽石層
GPR（地中レーダー）　41, 69, 70, 73
MVP　→最小存続可能個体数
OSL（光ルミネッセンス）　69, 70
reptation　19, 20, 24
saltation　18-21, 24
sand dune lake　→砂丘湖
zonation　→成帯構造

あ行
後浜　44, 47, 48, 73
合せヶ谷スリバチ（合谷摺鉢）　10, 51, 59
安息角　25, 28, 33
イソコモリグモ　44-46, 52, 54
打ち上げ群落　48
沿岸砂州　12, 14
演習地（旧陸軍の）　9, 58, 83, 92
追後スリバチ（追後摺鉢）　10, 33, 35, 36
横列砂丘　32, 35, 73
オオフタバムグラ　15
オリエンタリズム　86, 87

か行
海岸砂地地帯農業振興臨時措置法　10, 90
火山灰露出地　26, 27
滑落斜面　27, 28, 35, 73
カラスガイ　57
カワラハンミョウ　44, 45, 52, 55, 63
乾燥岩屑流　27, 28
丘間低地　8, 72
競争排除　54
クラスト　21, 29
クロコウスバカゲロウ　44, 45, 55, 62
クロスナ層　69, 74, 75
クロボク層　75
ケカモノハシ　46-49

コウボウシバ　46, 48, 50
コウボウムギ　45-49, 53
国立公園　62, 64

さ行
最小存続可能個体数（MVP）　64
砂丘開発法　→海岸砂地地帯農業振興臨時措置法
砂丘湖　38
砂丘列　7, 17, 27, 28, 33, 38, 70, 72
サルテーション　→ saltation
山陰海岸国立公園　7, 59
山陰海岸ジオパーク　7
サンドブラスト　15, 29
ジオパーク　7
シナダレスズメガヤ　23, 36, 49, 52
小氷期　9, 72
植被率　23
植物珪酸体　→プラント・オパール
シュルレアリスム　87
直浪遺跡　74, 80 ★最終校正で移動可能性あり
スリバチ　8, 35, 59, 85
静砂垣　47, 92
生食連鎖　52
生態系被害防止外来種リスト　56
成帯構造（zonation）　47, 62
潟湖（ラグーン）　67, 74, 78
草原化　12, 15, 22, 60-62

た行
堆砂垣　92
大山倉吉軽石層（DKP）　33, 41, 70
卓越風　17
他生的流入　45, 46
多鯰ヶ池　9, 10, 33, 42, 43, 55-58, 85
チェッカー盤型分布　55
地下水　38, 39, 41, 70
地中レーダー　→ GPR
長者ヶ庭　8
デトライタス　44

天然記念物　7, 9, 58, 59, 62, 86

な行
年代測定　69, 75

は行
バーム（汀段）　13
白砂青松　85, 86
ハッチンソンの 1.3 倍則　56
ハマゴウ　45-48, 50, 53
ハマベウスバカゲロウ　44, 55, 62
バルハン　32
光ルミネッセンス　→ OSL
ビーチ・サイクル　12, 14
飛砂　14, 15, 19, 21, 23, 30, 58, 61, 72, 91, 92
非平衡共存説　55
ビロードテンツキ　15, 48, 50
風食　27, 31, 33
風洞実験　15, 19, 24, 26, 35, 89
プラント・オパール（植物珪酸体）　75,　81 ★最終校正
　　　で移動可能性あり
放射性炭素（^{14}C）年代　69, 75

ま行
前浜　73

や行
湧水　38, 39

ら行
流域流砂系　12
粒径分布　14
粒子間結合力　20
レッドデータブック　63
レッドリスト　52, 57

執筆者：

神近 牧男　　かみちか まきお

九州大学大学院農学研究科農業工学専攻修士課程修了．農学博士．
現在，鳥取大学名誉教授．

北川 扶生子　　きたがわ ふきこ

神戸大学大学院文化学研究科後期博士課程修了．博士（文学）．
現在，天理大学文学部国文学国語学科（教授）．

木村 玲二　　きむら れいじ

東北大学大学院理学研究科博士課程修了（地球物理学専攻）．博士（理学）．
現在，鳥取大学乾燥地研究センター（准教授）．

小玉 芳敬　　こだま よしのり

筑波大学大学院博士課程地球科学研究科単位取得（地理学・水文学専攻）．博士（理学）．
現在，鳥取大学地域学部地域環境学科（教授）．

齊藤 忠臣　　さいとう ただおみ

筑波大学大学院博士課程農学研究科修了（農林工学系専攻）．博士（農学）．
現在，鳥取大学農学部生物資源環境学科（准教授）．

高田 健一　　たかた けんいち

大阪大学大学院文学研究科博士後期課程単位取得（史学専攻）．修士（文学）．
現在，鳥取大学地域学部地域環境学科（准教授）．

田村 亨　　たむら とおる

京都大学大学院理学研究科博士後期課程修了（地球惑星科学専攻）．博士（理学）．
現在，産業技術総合研究所地質情報研究部門（主任研究員）．

鶴崎 展巨　　つるさき のぶお

北海道大学大学院理学研究科博士課程単位取得（動物学専攻）．理学博士．
現在，鳥取大学地域学部地域環境学科（教授）．

中原 計　　なかはら けい

大阪大学大学院文学研究科博士後期課程単位取得（考古学専攻）．博士（文学）．
現在，鳥取大学地域学部地域環境学科（准教授）．

永松 大　　ながまつ だい

東北大学大学院理学研究科博士課程後期修了（生物学専攻）．博士（理学）．
現在，鳥取大学地域学部地域環境学科（教授）．

成相 肇　　なりあい はじめ

一橋大学大学院言語社会研究科修了．
現在，東京ステーションギャラリー学芸員．

監修：

鳥取大学国際乾燥地研究教育機構

  http://www.ipdre.tottori-u.ac.jp/
  〒 680-0001　鳥取県鳥取市浜坂 1390
  TEL　0857-30-6316

編者：

小玉　芳敬　　こだま　よしのり　　1961 年　愛知県生

　専門：地形学。主な著書：日本の地誌 9「中国・四国」，朝倉書店（分担執筆）；砂丘まる
　ごとハンドブック，今井書店（分担執筆）；小鹿川と小鹿渓のひみつ，鳥取県三朝町（単著）
　ほか。

永松　大　　ながまつ　だい　　1969 年　山口県生

　専門：植物生態学。主な著書：屋久島の森のすがた―「生命の島」の森林生態学，文一総
　合出版（分担執筆）；森の芽生えの生態学，文一総合出版（分担執筆）；シカの脅威と森の
　未来，文一総合出版（分担執筆）ほか。

高田　健一　　たかた　けんいち　　1970 年　鳥取県生

　専門：考古学。主な著書：日本の遺跡 16 妻木晩田遺跡，同成社（単著）；古墳時代の考古
　学 4 副葬品の型式と編年，同成社（分担執筆）；古郡家 1 号墳・六部山 3 号墳の研究，鳥
　取県（分担執筆）ほか。

書　名	**鳥取砂丘学**
コ ー ド	ISBN978-4-7722-5296-6
発行日	2017（平成 29）年 3 月 22 日　初版第 1 刷発行
監　修	**鳥取大学国際乾燥地研究教育機構**
編　者	**小玉芳敬・永松　大・高田健一**
	Copyright ⓒ 2017　Yoshinori KODAMA, Dai NAGAMATSU, and Ken-ichi TAKATA
発行者	**株式会社 古今書院**　　橋本寿資
印刷所	**株式会社 太平印刷社**
製本所	**株式会社 太平印刷社**
発行所	**古今書院**　　〒 101-0062 東京都千代田区神田駿河台 2-10
TEL/FAX	03-3291-2757　/　03-3233-0303
振　替	00100-8-35340
ホームページ	http://www.kokon.co.jp/　　検印省略・Printed in Japan

乾燥地科学シリーズ

全5巻　　A5判　並製本

乾燥地の自然や生活とは、どのようなものか？

乾燥地の植生は、いかにして干ばつに耐えるのか？

砂漠化の対策としてなにが大事なのか？

世界の乾燥地の諸問題に、日本はどのように貢献できるのか？

最新の乾燥地科学をわかりやすく解説した全5巻。各巻定価本体3800円＋税。

鳥取大学乾燥地研究センター監修。2007年創刊、2010年完結。

◆ 第1巻　21世紀の乾燥地科学　　　　　恒川篤史編

砂漠化は，地球環境を脅かすとともに，人々の生活水準を悪化させる。自然科学・農学・医学・工学をまじえつつ，国連を中心とした国際協力の重要課題との関連性を解きながら，砂漠化問題に取り組むときに必要な知識と観点の全体像がわかる。分野を横断した学際的研究プロジェクトの好例としても参考になる。

◆ 第2巻　乾燥地の自然　　　　　　　　篠田雅人編

砂漠はどのようにしてできるのか？　将来、砂漠は広がるのか？　砂漠にはどのような動植物が生息しているのか？　乾燥地の気候、地形、土壌、植生、動物および環境変化についての概説。地学分野から生物分野まで、砂漠の自然の理解に必要な基礎知識がこれ1冊でわかる。

◆ 第3巻　乾燥地の土地劣化とその対策　　山本太平編

土壌侵食と塩類化の問題がテーマ。土地が削られたり、土壌が悪化したり、大地が塩を吹いた状況に、人類はこれまでどのように取り組み、これからどのように改善していくか？　灌漑、砂漠化対策、植生、除塩など、土木技術からバイオテクノロジーまで、幅広い分野の技術と考え方が紹介される。

◆ 第4巻　乾燥地の資源とその利用・保全　篠田雅人・門村 浩・山下博樹編

砂漠の土地利用をテーマにしたユニークな本。農業開発、鉱産資源開発、再生エネルギー開発の実態を紹介するとともに、ドバイなどの大都市の建設の背景、核実験・軍事利用・宇宙開発など特殊な土地利用の実態を解説。世界の乾燥地の人間活動を総括し、持続可能な土地利用にむけた方向性を提言する。

◆ 第5巻　黄土高原の砂漠化とその対策　　山中典和編

広大な黄土高原が，さらに砂漠化し，さらに貧困状態に陥ったら，日本にも国際社会にも地球環境にも，悪影響が生じる。国際的な重要課題である黄土高原の環境改善のための一冊。自然科学分野の解析，農業技術，植生回復技術，土木技術の紹介に加えて，中国農村の持続的発展や農民の環境教育もテーマに加えた。

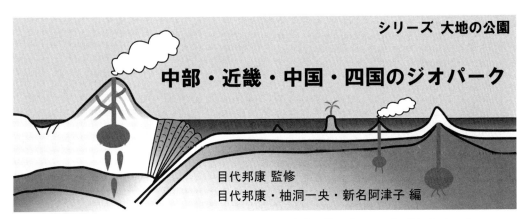

シリーズ 大地の公園

中部・近畿・中国・四国のジオパーク

目代邦康 監修

目代邦康・柚洞一央・新名阿津子 編

ジオパークで大地の魅力を再発見！

ジオパークで働く専門員や、関係の深い研究者、また現地ガイドらが、ジオツアーコースを紹介。ジオサイトの解説だけでなく、その地域で見られる地形や地質、土壌、生態系、水循環、文化、歴史など、さまざまなことがらのつながりを物語で紹介します。

各地域のジオツアーから地域の魅力を再発見し、他地域から新たなジオツアーや巡検のヒントを見つけよう！

掲載地域
南アルプス（中央構造線エリア）／糸魚川／佐渡／白山手取川／恐竜渓谷ふくい勝山／立山黒部／南紀熊野／山陰海岸／隠岐／室戸／四国西予

A5 判 カラー 156 頁 2,600 円+税
ISBN 978-4-7722-5282-9

A5 判 カラー 156 頁 2,600 円+税
ISBN 978-4-7722-5280-5

A5 判 カラー 156 頁 2,600 円+税
ISBN 978-4-7722-5283-6

A5 判 カラー 156 頁 2,600 円+税
ISBN 978-4-7722-5281-2

いろんな本をご覧ください
古今書院のホームページ

http://www.kokon.co.jp/

★ 800点以上の**新刊・既刊書**の内容・目次を写真入りでくわしく紹介

★ 地球科学やGIS, 教育など**ジャンル別**のおすすめ本をリストアップ

★ **月刊『地理』**最新号・バックナンバーの特集概要と目次を掲載

★ 書名・著者・目次・内容紹介などあらゆる語句に対応した**検索機能**

古 今 書 院
〒101-0062　東京都千代田区神田駿河台 2-10

TEL 03-3291-2757　　FAX 03-3233-0303

☆メールでのご注文は order@kokon.co.jp へ

フィールドノートに新色が2種類追加！

全11種類

表面は落ち着いた桃色の背景と桜のイラストで春をイメージ。これからの季節、入学祝い・卒業記念のプレゼントにオススメです！日本を代表する花である「さくら」。海外調査の際のお土産にいかがですか？

調査中にフィールドでせっかくメモをしたノートを紛失してしまったことってありませんか？万が一落としても見つけやすい蛍光色が新登場！刺激的で目を引くカラー。これでもうフィールドでノートは無くしません！

①さくら

②ネオンレッド（蛍光赤）

あなたはどの色のフィールドノート使う？

③黄色
④レッド
⑤ブラック×レッド
⑥オレンジ
⑦もみじ
⑧ライトグリーン
⑨水色
⑩ブルー
⑪藍色

持ち運びやすい新書サイズ
本体400円＋税

＊ご注文は，3冊以上から。送料サービスでお届け。1〜2冊の場合は，別途送料を承ります。

中身は充実の96ページ，しおりヒモ付